知味

寻味历史

中国酒

韩元 编著

北方联合出版传媒(集团)股份有限公司
万卷出版有限责任公司

图书在版编目（CIP）数据

寻味历史：中国酒 / 韩元编著. —沈阳：万卷出版有限责任公司，2024.4

ISBN 978-7-5470-6475-7

Ⅰ. ①寻… Ⅱ. ①韩… Ⅲ. ①酒文化—中国 Ⅳ. ①TS971.22

中国国家版本馆CIP数据核字（2024）第043281号

出 品 人：王维良
出版发行：北方联合出版传媒（集团）股份有限公司
万卷出版有限责任公司
（地址：沈阳市和平区十一纬路29号 邮编：110003）
印 刷 者：辽宁新华印务有限公司
经 销 者：全国新华书店
幅面尺寸：145mm×210mm
字 数：170千字
印 张：8
出版时间：2024年4月第1版
印刷时间：2024年4月第1次印刷
责任编辑：邢茜文
责任校对：张 莹
装帧设计：马婧莎
ISBN 978-7-5470-6475-7
定 价：39.80元
联系电话：024-23284090
传 真：024-23284448

前言

中国作为四大文明古国之一，包括饮食文化在内的诸多文化源远流长，不但未有间断，反而推陈出新，与时俱进。中国人讲美食，从来不只是简单的烹饪技巧的探讨，而是包含着诸多社会、人生的思考。《老子》曰："治大国若烹小鲜。"这句话的确讲到了"烹小鲜"，但其终极所指在于"治大国"。同样，《尚书》曰："若作酒醴，尔惟曲蘖；若作和羹，尔惟盐梅。"表面上讲的是酿酒和做汤，其实说的是治国为政。酒需要曲蘖的催化，治国当然需要贤才的效力。所以从这方面看，重文化、重礼仪，是中国酒的首要特征。《尚书·酒诰》曰："惟元祀。"只有在举行大的祭祀的时候，才允许饮酒，这是祭祀文化。《汉书·食货志》曰："百礼之会，非酒不行。"酒虽然很重要，但它是用来行礼的，这也是一种文化。过量饮酒不但对身体有害，甚者至于破国亡家，身败名裂。《资治通鉴》对那些酗酒君臣的书写、批判，就是延续《酒诰》中的思想。今天讲酒文化，应当将此列为第一条。

正因为中国是礼仪之邦，酒的纽带作用便从"祭祀"延伸到"宾客"，自然也就涉及"亲友"了。从时间上看，祭祀在一年之中只有在重大时节举行，而更多的时间则是亲友交往的饮酒，《小雅·伐木》中“伐木许许，酾酒有萸。既有肥羜，以速诸父”,《小雅·鹿鸣》中“我有旨酒，以燕乐嘉宾之心”的描写，是中国古典文学中最常见的饮酒场面。到了魏晋、唐宋时期，以酒为中心的各种诗文、逸事也就层出不穷了。

和中国的美食相比，中国酒又有其独特性。从重要程度来讲，“食”显然大于“酒”，民以食为天，各个时期的禁酒令就是说明。但中国典籍中“食”的分量远不及“酒”，这是显而易见的，大诗人们都是写酒的高手，无一例外，陶渊明篇篇有酒是无消说的，哪怕是酒量不高的白居易、苏轼，诗文集中关于酒的篇目也是触目可见，杨万里、陆游以“酒”“饮”“酿”“醉”为题的诗歌更是数不胜数，甚至古代农业学著作如《齐民要术》等，也有大量的篇幅谈如何酿酒。简单来说，“食”解决的是物质贫瘠，而“酒”带来的是精神愉悦，这是第一点不同。第二，“食”相较于“酒”，更大众一些，而“酒”更显精致和文人气。虽然从孔子开始就提倡“食不厌精，脍不厌细”(《论语·乡党》)，袁枚的《随园食单》更是江南精致饮食的代表，但普通美食同样能带来审美的享受，孟元老《东京梦华录》写“州桥夜市”的各种美食，用“杂嚼”二字概括，便极有神韵，它们可能并不需要《随园食单》那样精致。而且，由于“君子远庖厨”的传统，文人对食品的烹饪过程并不熟悉，像苏轼、袁枚这样亲自下厨的美食家毕竟是少数，更何况有些美食属于秘方。比如“豆粥”，石崇可以“咄嗟而办”，而外人是难以知晓的。苏轼也曾自嘲:“书生说食真膏肓。”(《游博罗香积寺》)作为中国古典文学的书写主体，书生见到的、品尝到的美食其实是非常有限的。但是“酒”就不一样了，首先古代的酒大部分都是米酒，是粮食发酵的，工艺也比较简单，在元代之前并没有发明蒸馏技术，酒的度数很低，酿造也方便，所以很多诗人都参与了酿酒的过程，白居易、苏轼、杨万里、陆游等人，无不在炫耀他们自己酿酒的方式，甚至不止一次地嫌弃“官酒多灰”，提及家酿，他们是无比骄傲的。陶渊明用头巾所漉之酒恐怕也是自己家酿造的。其次，酿酒的质量虽有高低，但饮酒的目的均是终期一醉，“浊醪有妙理”（杜甫《晦日寻崔戢李封》)就是这个意思，虽然饮下“浊酒”“茅柴”，古人还是愿意用诗文进行艺术的表达，这无形间就提升了其艺术性，变成了精致的审美，但如果吃了难以下咽的食物，恐怕就没有了写诗兴致。

中国历史之悠久，典籍之浩瀚，与酒有关的文献可谓汗牛充栋，单是《四库全书》收录的涉及酒的专著就有《北山酒经》《酒谱》《酒史》《觞政》《酒概》《酒部汇考》等，其他类书、专书涉及酒的亦非少数，比如：

《初学记》卷二六“服食部·酒”

《北堂书钞》卷一四二至卷一四八“酒食部”

《太平御览》卷八四三至八四六“酒部”

《事文类聚·续集》卷一三“燕饮部”

《事林广记·别集》卷八“酒曲类”

《遵生八笺》卷一二“饮馔服食笺中”

《天中记》卷四四“酒”

《齐民要术》卷八“条曲饼酒”“法酒”类

《本草纲目》卷二五“谷部”药酒类

这些著作都有一个统一的写作范式，专著类从酒的产生、酿酒，到饮者、涉酒诗文等逐一罗列，类书亦是罗列典故、涉酒文等，本书在材料的选择上部分借鉴了这些著作，因为它们是中国酒文化的正宗传承，不需要也不应该回避。除此之外，笔者还增加了一些内容，主要是涉及酒与人事活动的部分。在笔者看来，中国酒不应该仅仅是客观的、静止的物品，它是活跃的、有温度的，是能穿越时空引起读者共鸣的。因此“独酌”“招饮”“小酌”等篇目就被加了进来。

全书分上、中、下三编。上编是与酒直接相关的八个条目：酿酒、酒名、家酿、村市酒、新酒、酒器、酒旗、下酒菜。中编是因酒而延伸的以事为主的十个条目：射覆、酒令、宴饮、独酌、招饮、劝饮、送酒、小酌、大醉、酒醒。下编是古代涉酒的著名诗文，共十九篇。上中下三编在体量上尽量做到平衡。这些条目虽然不尽如人意，但也是经过反复斟酌和取舍的，比如上编“酒名”部分，有些酒名很好听，但相关文献较少，仅仅是两三个字提到这个酒名，没有酿酒方法的记载，也没有专门的诗文吟咏，要想专写一段是非常困难的；又比如中编，笔者起初设计了“对饮”和“对酒”两个条目，但以“对饮”为题的文献甚少，而“对酒”又与“独酌”在诗意上大范围重叠，只好割舍；再比如下编，笔者前期收录并详细注释了明代孙作的《甘澧传》，但考虑到已有相似题材且此传在艺术上也稍逊一筹，加之全书字数的限制，最后也将其删除。

最后，关于全书的凡例做两点说明：一、关于文献。为保证文字内容的准确性，本书在创作时参考古代重要且有文学性的古代刻本、抄本材料，且每一条材料都注明来源，并反复校勘，确保文献的精准性，句读依笔者对内容的研究、理解而注。详细参考文献可见书后附录:《主要参考文献》。假如读者对我的分析、评论不满意，至少可以阅读这些优美的诗文，也不失为一种收获。二、关于注释。全书在注释时，尽量选择需要注释的地方进行注释，读者熟知易解的典故、字词一般不再注释。前文出现的典故，或者典故本身即在本书正文中的，一般也不再注释。注释时尽量保证典故的完整性，即每一条典故都是一个完整的故事，不至于读来没头没脑。

由于笔者素不能饮，且素不好饮，对中国酒的蕴味肯定体会得远远不够，加之学问浅陋，性情粗疏，书中的错误难以避免。还望读者原谅并不吝指正！

2023 年 9 月

目录

上编：酒事

酿酒

中国酒的形成，据说新石器时代或是更早就已经有了。从文献记载来看，《尚书·说命》即有“若作酒醴，尔惟曲蘖”的记载，“曲蘖”即酒曲之类。古人很早时就知道酿酒时要加入酒曲，但其原理直至近代才得以揭晓。酒曲中含有大量的微生物，以及微生物所分泌的淀粉酶、糖化酶、蛋白酶等，酶具有催化作用，能够将米、麦等谷物中的淀粉、蛋白质转化为糖分和氨基酸，糖分在酵母菌中酶的作用下，分解成乙醇，也就是酒精。酒曲是中国人酿酒的一大创举，可与四大发明相提并论。北魏时期的《齐民要术》已对酒曲的制作进行了较全面的总结，此书第七卷从酒曲的制作技术及其应用上，将其分为“神曲”“白醪曲”“笨曲”三个大类，较为详细地记载了酒曲的做法；至宋代朱翼中《北山酒经》将古代酿酒的小曲分为罨曲、风曲、醁曲等，不但种类更加丰富、过程更加详细，而且还解释了酒曲酿造的一些原理。酒曲的种类和制作技术，至宋代时已经基本定型。

酒曲·顿递祠祭曲①

顿递祠祭曲是罨（yǎn）曲的一种。"罨"是覆盖的意思，罨曲就是依靠覆盖而发酵的酒曲。

小麦一石②，磨白面六十斤，分作两栲栳③；使道人头④、蛇麻⑤、花水⑥共七升，拌和似麦饭⑦，入下项⑧药：

白术⑨　二两半

川芎⑩　一两

白附子⑪　半两

瓜蒂⑫　一个

木香⑬　一钱半

以上药捣罗⑭为细末，匀在六十斤面内。

道人头　十六斤

蛇麻　八斤，一名辣母藤。

以上草拣择剉碎⑮、烂捣，用大盆盛新汲水浸，搅拌似蓝淀水⑯浓为度，只收一斗四升，将前面⑰拌和令匀。

右件药面⑱，拌时须干湿得所⑲，不可贪水⑳，"握得聚、扑得散"是其诀也。便用粗筛隔过，所贵不作块㉑，按令实，用厚複㉒盖之，令暖。三四时辰，水脉匀，或经宿㉓夜气留润亦佳。方入模子㉔，用布包裹，实踏，仍㉕预治净室无风处，安排下场子㉖。先用板隔地气，下铺麦麸㉗约一尺，浮上铺箔㉘，箔上铺曲，看远近用草人子为棨[29]（音至），上用麦麸盖之；又铺箔，箔上又铺曲，依前铺麦麸，四面用麦麸劄实风道[30]，上面更以黄蒿稀压定[31]，须一日两次，觑步体当发[32]，得紧慢[33]：伤热则心红，伤冷则体重。若发得热，周遭[34]麦麸微湿，则减去上面盖者麦麸，并取去四面劄塞[35]，令透风气，约三两时辰或半日许，依前盖覆。若发得太热，即再盖减麦麸令薄；如冷不发，即添麦麸，厚盖催趁[36]之。约发及十余日已[37]来，将曲侧起[38]，两两相对，再如前罨之蘸瓦[39]，日足，然后出草[40]。(《北山酒经》卷中）

【注释】

①顿递祠祭曲：一种酒曲的名称。顿递，犹安排、准备。《资治通鉴》卷二五四"唐僖宗中和元年"："李克用牒河东，称奉诏将兵五万讨黄巢，令具顿递，郑从谠闭城以备之。"胡三省注："缘道设酒食以供军为顿，置邮驿为递。"递顿祠祭曲，未详。以名考之，或是为祭祀而准备的一种酒曲。

②石：古代计量（容量）单位，一石为十斗。一斗为十升。西汉时，一升相当于现代的 200 毫升。

③栲栳（kǎo lǎo）：一种用柳枝编成的形状像笆斗的容器。

④道人头：即苍耳。古人认为苍耳有治疗疟疾、水肿、风湿、牙痛等功效，因此在制作小曲时，会加入这种中草药。

⑤蛇麻：元代胡古愚《树艺篇》"草部"卷四载"蛇麻，叶如青麻藤蔓，生于蓠落间，土人采为曲"。现代通常指啤酒花，大麻科葎草属植物。

⑥花水：一般指井花（华）水，指早晨第一汲的井水。古人认为井花水有甘平无毒、安神镇静的功效。贾思勰《齐民要术·法酒》："秔米法酒：糯米大佳。三月三日，取井花水三斗三升。"

⑦拌和似麦饭：搅拌、揉搓到像麦饭一样的程度。麦饭，将麦子碾磨后和麦皮放在一起蒸熟的食物。《急就篇》卷二："饼饵麦饭甘豆羹。"颜师古注："麦饭，磨麦合皮而炊之也。"

⑧下项：以下事项。

⑨白术：多年生草本植物。据《本草纲目》卷三记载，具有"逐风湿、舌本强，消痰，益胃"等功效。

⑩川芎（xiōng）：即芎䓖，多年生草本植物，味辛微甘。据《本草纲目》卷一四记载，具有"燥湿，止泻痢，行气开郁"的功效。

⑪白附子：中草药，气味辛甘，大温，有小毒。据《本草纲目》卷一七所载，具有医疗"中风失音，一切冷风气，面皯瘢疵"等功效。

⑫瓜蒂：中草药，为葫芦科植物甜瓜的果蒂。据《本草纲目》卷三三所载，具有治疗"吐风热痰涎"及"风眩、头痛、癫痫，喉痹，头面有湿气"等功效。

⑬木香：中药材，是菊科植物木香的干燥根。

⑭捣罗：捣，捣碎。罗，筛成粉末。唐代韩鄂《四时纂要》卷二"三月"条："捣为团，晒干后，再捣罗为末。"

⑮以上草拣择剉（cuò）碎：草，草药。剉，用锉刀去掉物体的芒角。

⑯蓝淀水：常见的用来染布的药水。清代迮朗《绘事琐言》卷四载“南人掘地作坑，以蓝浸水一宿，入石灰搅至千下，澄去水，则青黑色。亦可干收，用染青碧”。

⑰前面：前文提到的面团。

⑱右件药面：上面提到的掺有中草药的面团。右，古人从右向左书写，相当于今天的“上文”。

⑲得所：适合的、适宜的地方。《诗经·卫风·硕鼠》中有诗句“爰得我所”。

⑳贪水：在面剂中加入超量的水使面剂的体积更大。

㉑不作块：使酒曲不凝结成板块。

㉒厚複：一般写作“厚覆”，厚厚地覆盖。这里的“複”指名词，指厚的多层的织物、布料等。《北山酒经》在“厚複”之下又加以“盖”字，是为了让语言更加通俗易懂。

㉓经宿：经过一夜的时间。

㉔模子：用以铸型的模型。这里指用来压实酒曲，使之固定成型的模型。

㉕仍：接续、紧接着。

㉖场子：这里指制造酒曲的场地。

㉗麦麸（fū）：即麦皮，是小麦加工成面粉后的副产品，麦黄色，呈片状或粉末状，多用作家畜的饲料

㉘箔（bó）：用芦苇或秫秸编成的竹帘子，或是用竹子编成的养蚕器具。唐代王建《簇蚕词》："蚕欲老，箔头做茧丝皓皓。"

㉙用草人子为椠：用草扎成小人，以此来做出分界。椠，通"契"，界线。

㉚劄实风道：把有风能吹入的通道（空隙）扎实。劄，即"扎"。

㉛以黄蒿稀压定：用黄蒿稀压在上面进行固定。

㉜觑步体当发：边走边看，估摸着酒曲发酵的时候。觑步，边走边看的样子，引申为窥探。体，估摸、估计。发，发酵。

㉝得紧慢：得知发酵进度的快与慢。

㉞周遭：周围、四周。刘禹锡《金陵怀古》中有"山围故国周遭在"。

㉟劄塞：用布、草等扎紧堵塞。

㊱催趁：催赶、催促。岳飞《池州翠微亭》中有"好水好山看不足，马蹄催趁月明归。"

㊲已：通"以"。

㊳侧起：从中间向左右两边推移，使其侧立堆积。

㊴再如前罨之醧瓦：再像前面那样，将酒曲放在醧瓦里罨渍。醧瓦，即"甑瓦"，古人常用的炊具，作者自注："立曰醧，侧曰瓦。"醧，可能是作者为了语言通俗而故意挑选的别字、俗字。

㊵出草：将酒曲发酵之后的草药取出。

酒曲·瑶泉曲

瑶泉曲是风曲的一种，即依靠风力发酵的酒曲。瑶泉指如玉的泉水，文中实为“井花水”，可见这只是一种美好的喻义。

白面六十斤上甑蒸，糯米粉四十斤（一斗米粉秤得六斤半）。以上粉面先拌令匀，次入下项药：

白术一两、防风半两、白附子半两、官桂二两、瓜蒂一分、槟榔半两、胡椒一两、桂花半两、丁香半两、人参一两、天南星半两、茯苓一两、香白芷一两、川芎一两、肉豆蔻一两。

右件药并为细末，与粉面拌和讫，再入杏仁三斤，去皮尖，磨细，入井花水一斗八升，调匀，旋洒于前项粉面内，拌匀；复用粗筛隔过，实踏；用桑叶裹盛于纸袋中，用绳系定，即时①挂起，不得积下；仍②单行悬之二七日，去桑叶。只是纸袋，两月可收。（《北山酒经》卷中）

【注释】

①即时：立刻。

②仍：又。

酒曲·豆花曲

豆花曲也是风曲的一种。该酒曲使用“赤豆”作原料，故称“豆花”。

白面五斗，赤豆七升，杏仁三两，川乌头[①]三两，官桂二两，麦蘖四两，焙干。右除豆、面外，并为细末；却用苍耳、辣蓼[②]、勒母藤[③]三味各一大握，捣取浓汁浸豆。一伏时漉出豆，蒸，以糜烂为度。豆须是煮烂成砂、控干放冷方堪用；若煮不烂，即造酒出，有豆腥气。却将浸豆汁煎数沸，别顿放；候蒸豆熟，放冷，搜和白面并药末。硬软得所，带软为佳；如硬，更入少浸豆汁。紧踏作片子，只用纸裹，以麻皮宽缚定，挂透风处；四十日取出曝干，即可用。须先露五七夜后使，七八月已后方可使。每斗用六两，隔年者用四两。此曲谓之“错著水[④]”。李都尉玉浆乃用此曲，但不用苍耳、辣蓼、勒母藤三种耳。又一法，只用三种草汁浸米一夕，捣粉；每斗烂煮赤豆三升，入白面九斤，拌和；踏，桑叶裹入纸袋，当风挂之，即不用香药耳。（《北山酒经》卷中）

【注释】

①川乌头：多年生草本植物，有祛风除湿的作用。

②辣蓼：中药名，有祛湿杀虫的功效，广泛分布于我国各省，多生长在河滩、水沟旁边。

③勒母藤：别名益母蒿，有活血祛瘀的功效。

④错著水：苏轼《刘监仓家煎米粉作饼子，余云：为甚酥。潘邠老家造逡巡酒，余饮之云：莫作醋，错著水来否。后数日携家饮郊外，因作小诗戏刘公，求之》有中诗句“已倾潘子错著水，更觅君家为甚酥”。

卧浆

卧浆是“温热”时酿酒需要的原料，也就是开头所讲的“六月三伏”时。但酒浆只有浆水的气味，若想让酒有“香辣之味”，就必须加入上文所提及的具有味辛的“辣蓼”“勒母藤”等。

六月三伏时，用小麦一斗煮粥为脚，日间悬胎盖，夜间实盖之，逐日浸热，面浆或饮汤，不妨给用，但不得犯生水。造酒最在浆，其浆不可才酸便用，须是味重。酴[①]米偷酸全在于浆。大法[②]，浆不酸即不可酝酒。盖造酒以浆为祖，无浆处或以水解[③]醋，入葱、椒等煎，谓之合新浆；如用已曾浸米浆，以水解之，入葱、椒等煎，谓之传旧浆，今人呼为“酒浆”是也。酒浆多浆臭而无香辣之味，以此知须是六月三伏时造下浆，免用酒浆也。酒浆寒凉时犹可用，温热时即须用卧浆。寒时如卧浆缺，绝不得已，亦须且合新浆用也。（《北山酒经》卷下）

【注释】

①酴：重酿而成的甜米酒。

②大法：大的原则。

③解：稀释。

淘米

米是酿酒的主要原材料，所以米的干净与否直接关系到酒的质量。淘米，就是通过淘汰，将粳米、砂石等杂质去除，将糯米精选出来，而最直接有效的方式就是“种秫”——自己种植糯米，这也是对陶渊明“种秫”的一种直接解读。

造酒治糯[①]为先，须令拣择，不可有粳米[②]。若旋拣实为费力，要须自种糯谷，即全无粳米，免更拣择。古人种秫[③]盖为此。凡米，不从淘中取净，从拣择中取净。缘水只去得尘土，不能去砂石、鼠粪之类。要须旋、舂、簸，令洁白，走水一淘，大忌久浸。盖拣簸既净，则淘数少而浆入。但先倾米入箩，约度添水，用杷子[④]靠定箩唇，取力直下，不住手，急打斡[⑤]，使水米运转自然匀净，才水清，即住。如此，则米已洁净，亦无陈气，仍须隔宿淘控，方始可用。盖控得极干即浆入而易酸，此为大法。（《北山酒经》卷下）

【注释】

①治糯：治办糯米。糯米，不透明，黏性较强，一般不直接当作米饭食用。

②粳米：即大米，指粳稻的种仁，半透明，一般用来做米饭。

③古人种秫：《宋书》卷九三《隐逸传·陶潜》载“执事者闻之，以为彭泽令。公田悉令吏种秫，妻子固请种秔，乃使二顷五十亩种秫，五十亩种秔”。

④杷子：古人将蓬蒿之类的末梢扎在一起，用于扫除清理的工具。

⑤打斡：制造漩涡，使米和杂质分离。

汤米

条目中的“汤”是动词。汤米，是将米放入热水中，为入瓮后的发酵提供良好的前提。文中“泡沫如鱼眼虾跳”“候浆如牛涎”，“尝米不尝浆”“尝浆不尝米”等，语言通俗易懂，简明准确，可见作者在写法上着实费了一番心血。

一石瓮埋入地一尺，先用汤汤瓮，然后拗浆，逐旋入瓮。不可一并入生瓮，恐损瓮器，使用棹篦搅出火气，然后下米。米新即倒汤，米陈即正汤（汤字去声切）。倒汤者，坐浆汤米也；正汤者，先倾米在瓮内，倾浆入也。其汤须接续倾入，不住手搅。汤太热则米烂成块，汤慢即汤不倒而米涩，但浆酸而米淡，宁可热，不可冷，冷即汤米不酸，兼无涎生。亦须看时候及米性新陈，春间用插手汤[①]，夏间用宜似热汤，秋间即鱼眼汤[②]（比插手差热），冬间须用沸汤。若冬月却用温汤，则浆水力慢，不能发脱；夏月若用热汤，则浆水力紧，汤损亦不能发脱。所贵四时浆水温热得所。汤米时，逐旋倾汤接续入瓮，急令二人用棹篦连底抹起三五百下，米滑及颜色光粲乃止。如米未滑，于合用汤数[③]外，更加汤数斗汤之，不妨只以米滑为度。须是连底搅转，不得停手。若搅少，非特汤米不滑，兼上面一重米汤破，下面米汤不匀，有如烂粥相似。直候米滑浆温即住手，以席荐围盖之，令有暖气，不令透气。夏月亦盖，但不须厚尔。如早辰汤米，晚间又搅一遍；晚间汤米，来早又复再搅。每搅不下一二百转。次日再入汤，又搅，谓之"接汤"。接汤后渐渐发起，泡沫如鱼眼虾跳之类，大约三日后必醋矣。寻常汤米后第二日生浆泡，如水上浮沤；第三日生浆衣，寒时如饼，暖时稍薄；第四日便尝，若已酸美有涎，即先以笊篱[④]掉去浆面，以手连底搅转，令米粒相离，恐有结米，蒸时成块，气难透也。夏月只隔宿可用，春间两日，冬间三宿。要之，须候浆如牛涎，米心酸，用手一捻便碎，然后漉出，亦不可拘日数也。惟夏月浆米热，后经四五宿渐渐淡薄，谓之"倒了盖"。夏月热后，发过罨损[⑤]。况浆味自有死活，若浆面有花衣，浡白色、明快，涎黏，米粒圆明鬆利，嚼着味酸，瓮内温暖，乃是浆活；若无花沫，浆碧色，不明快，米嚼碎不酸、或有气息，瓮内冷，乃是浆死，盖是汤时不活络。善知此者，尝米不尝浆；不知此者，尝浆不尝米。大抵米酸则无事于浆[6]。浆死却须用杓尽撆出元浆，入锅重煎、再汤，紧慢比前来减三分，谓之“接浆”；依前盖了，当宿即醋。或只撆出元浆，不用漉出米，以新水冲过，出却恶气，上甑炊时，别煎好酸浆，泼餴[7]下脚，亦得。要之，不若接浆为愈，然亦在看天气寒温，随时体当[8]。（《北山酒经》卷下）

【注释】

①插手汤：手可以伸入，不烫手的热水。

②鱼眼汤：开水温度升高时，锅底会出现白色的小气泡，类似鱼眼。

③合用汤数：应该使用的热水的数量。

④笊篱（zhào lí）：古代用竹子或柳条等制成的圆形炊具，形如大勺，有漏眼，有过滤、筛选的功能。

⑤发过罨损：将发霉变坏的部分揭去。罨损，发霉、变坏了的。宋代《陈敷农书》卷下“收蚕种之法篇第二”载“人多收蚕种于箧中，经天时雨湿、热蒸、寒燠不时，即罨损。浙人谓之蒸布，以言在卵布中已成其病”。

⑥无事于浆：即“浆无事”，没有酒浆什么事，酒浆是好的。

⑦泼餴（fēn）：将蒸饭泼开。餴，蒸饭。

⑧体当：揣测，体会。

蒸醋糜

欲蒸糜，隔日漉出浆衣，出米，置淋瓮，滴尽水脉，以手试之，入手散蔌蔌[①]地，便堪蒸。若湿时，即有结糜。先取合使泼糜浆，以水解，依四时定分数，依前入葱、椒等同煎，用篦不住搅，令匀沸，若不搅，则有偏沸及焁[②]，灶釜处多致铁腥。浆香熟，别用盆瓮，内放冷，下脚使用，一面添水、烧灶、安甑。单[③]勿令偏侧。若刷釜不净，置单偏侧或破损，并气未上便装筛，漏下生米，及灶内汤太满，可八分。满则多致汤溢出冲单，气直上突，酒人谓之“甑达”，则糜有生熟不匀。急倾少生油入釜，其沸自止。须候釜沸气上，将控干酸米逐旋以杓，轻手续续，趁气撒装，勿令压实。一石米约作三次装，一层气透又上一层。每一次上米，用炊帚掠拨周回[④]上下，生米在气出处，直候气匀，无生米，掠拨不动；更看气紧慢，不匀处用米杴[⑤]子拨开，慢处拥在紧处，谓之“拨溜”。若箄子[⑥]周遭气小，须从外拨来，向上如鳌[⑦]背相似。时复用气杖子试之，劄处若实，即是气流；劄处若虚，必有生米，即用杴子翻起、拨匀，候气圆。用木拍或席盖之。更候大气上，以手拍之，如不黏手，权住火，即用杴子搅斡、盘折，将煎下冷浆二斗，随棹洒拨，每一石米汤用冷浆二斗，如要醇浓，即少用水。饼酒自然稠厚。便用棹篦拍击，令米心匀破成糜。缘浆米既已浸透，又更蒸熟，所以棹篦拍着便见皮折心破，里外皅烂[⑧]成糜。再用木拍或席盖之，微留少火，泣定水脉，即以余浆洗案，令洁净。出糜，在案上摊开，令冷，翻梢一两遍。脚糜若炊得稀薄如粥，即造酒尤醇。搜拌入曲时，却缩水，胜如旋入别水也。四时并同。洗案刷瓮之类，并用熟浆，不得入生水。(《北山酒经》卷下)

【注释】

①散薂薂：颗粒分明，不粘手。

②焞(bó)：煎炒或烤干。

③单：通“箄”。

④周回：周围，旁边。

⑤杴(xiān)：用木头制成的可以铲东西的工具，有长柄。

⑥箄(bǐ)：小竹笼。

⑦鏊(ào)：铁制的烙饼工具，中心微微隆起。

⑧皅烂：熟烂时的形状像盛开的花朵一样。皅，通“葩”。

合酵

北人造酒不用酵，然冬月天寒，酒难得发，多撷了[①]，所以要取醅面，正发醅为酵最妙。其法，用酒瓮正发醅，撇取面上浮米糁，控干，用曲末拌，令湿匀，透风阴干，谓之“干酵”。凡造酒时，于浆米中先取一升已来[②]，用本浆煮成粥，放冷，冬月微温。用干酵一，合曲末一斤，搅拌令匀，放暖处，候次日搜[③]饭时，入酿饭瓮中同拌，大约申时。欲搜饭须早辰先发下酵，直候酵来多时，发过方可用；盖酵才来，未有力也。酵肥[4]为来，酵塌可用。又况用酵四时不同，须是体衬[5]天气，天寒用汤发，天热用水发，不在用酵多少也。不然，只取正发酒醅二三杓拌和尤捷，酒人谓之“传醅”，免用酵也。（《北山酒经》卷下）

【注释】

①撷了：即下文“投醹”条“甜糜冷不能发脱，折断多致涎慢，酒人谓之‘撷了’”。指酒因发酵中断，像涎一样黏稠的物质产生得非常缓慢。

②已来：同“以来”，表约数。

③搜：搅。

④肥：指酵母的体积变大。

⑤体衬：揣度。

酴米　酴米，酒母也。今人谓之脚饭。

酒母的发酵因季节温差不同，有快有慢，想要酿出好酒，就必须控制发酵的节奏，一方面害怕“发过”，一方面又害怕“发慢”。文中在总结各项措施时，一般会用两个字概括，作形象之说明，如“摘脚”“追魂”等，饶有趣味。

蒸米成糜，策在案上，频频翻，不可令上干而下湿。大要在体衬天气，温凉时放微冷，热时令极冷，寒时如人体。金波法，一石糜用麦糵四两。炒令冷。麦糵咬尽米粒，酒乃醇酴。糁在糜上，然后入曲醇一处，众手揉之，务令曲与糜匀。若糜稠硬，即旋入少冷浆同揉。亦在随时相度，大率搜糜，只要拌得曲与糜匀足矣，亦不须搜如糕糜。京酝，搜得不见曲饭，所以太甜。曲不须极细，曲细则甜美；曲粗则硬辣；粗细不等，则发得不齐，酒味不定。大抵寒时化[①]迟，不妨宜用粗曲，可投子大；暖时宜用细末，欲得疾发，大约每一斗米使大曲八两、小曲一两，易发无失，并于脚饭内下之。不得旋入生曲。虽三酘酒，亦尽于脚饭中下。计算斤两搜拌曲糜，匀即般[②]入瓮。瓮底先糁曲末，更留四五两曲盖面。将糜逐段排垛，用手紧按瓮边四畔，拍令实；中心剜作坑子，入刷案上曲水三升或五升已来，微温入在坑中，并泼在醅面上，以为信水[③]。大凡酝造须是五更初下手，不令见日，此过度法也。下时东方未明要了，若太阳出，即酒多不中。一伏时歇开瓮，如渗信水不尽，便添荐席围裹之；如泣尽信水，发得匀，即用杷子搅动，依前盖之，频频揩汗。三日后用手捺破，头尾紧，即连底掩搅令匀；若更紧，即便摘开，分减入别瓮，贵不发过，一面炊甜米便酘、不可隔宿，恐发过无力，酒人谓之“摘脚”。脚紧多由糜热，大约两三日后必动。如信水渗尽醅面，当心[④]夯起有裂纹，多者十余条，少者五七条，即是发紧，须便分减。大抵冬月醅脚厚，不妨；夏月醅脚要薄。如信水未干，醅面不裂，即是发慢，须更添席围裹。候一二日，如尚未发，每醅一石用杓取出二斗以来，入热蒸糜一斗在内，却倾取出者醅在上面，盖之以手，按平。候一二日发动，据后来所入热糜，计合用曲，入瓮一处拌匀。更候发紧，掩捺，谓之“接醅”。若下脚后，依前发慢，即用热汤。汤臂膊入瓮，搅掩令冷热匀停；须频蘸臂膊，贵要接助热气。或以一二升小瓶贮热汤，密封口，置在瓮底，候发则急去之，谓之“追魂”。或倒出在案上，与热甜糜拌，再入瓮，厚盖合，且候；隔两夜，方始搅拨，依前紧盖合。一依投抹次第，体当渐成醅，谓之“搭引”。或只入正发醅脚一斗许在瓮，当心却拨慢发醅盖合，次日发起、搅拨，亦谓之“搭引”。造酒要脚正，大忌发慢，所以多方救助。冬日置瓮在温暖处，用荐席围裹之，入麦麸黍穰[⑤]之类，凉时去之。夏月置瓮在深屋底，不透日气处；天气极热，日间不得掀开，用砖鼎足阁起，恐地气，此为大法。（《北山酒经》卷下）

【注释】

①化：发酵。

②般：通“搬”。

③信水：用作参考的，可提供信息（发酵程度）的水。

④当心：正当其中心。

⑤穰（ráng）：谷物脱粒之后的秸秆。

蒸甜糜

蒸甜糜的作用就是开头所提“酘糜”的“酘”，是为了再次酿

南宋·朱锐 《春社醉归图》(局部)

焦遂五斗方
卓然高谈雄
辩惊四筵
乾隆丙午
孟冬下澣
御笔

旧传元·任仁发 《饮中八仙图卷》(局部)

五代·顾闳中 《韩熙载夜宴图》

造而用的。

凡蒸酘糜，先用新汲水浸破米心，净淘，令水脉微透，庶蒸时易软。脚米走水淘，恐水透，浆不入，难得酸。投饭不汤，故欲浸透也。然后控干，候甑气上，撒米，装甜米，比醋糜鬆利易炊，候装彻气上，用木篦、杴帚掠拨甑周回生米，在气出紧处掠拨平整。候气匀溜，用篦翻搅，再溜，气匀，用汤泼之，谓之“小泼”。再候气匀，用篦翻搅，候米匀熟，又用汤泼，谓之“大泼”。复用木篦搅斡，随篦泼汤，候匀软、稀稠得所，取出盆内，以汤微洒，以一器盖之。候渗尽，出在案上，翻稍三两遍，放令极冷。四时并同。其拨溜盘棹并同蒸脚糜法。唯是不犯浆，只用葱、椒，油面比前减半，同煎，白汤泼之，每斗不过泼二升。拍击米心，匀破成糜，亦如上法。（《北山酒经》卷下）

投醹

投醹（rú），指经过反复酿造，使酒味变厚。投，就是“酘”的过程，因此“九投”亦可称作“九酘”。《初学记》所载“甜醹九投”，就是不断将酒味增厚的过程。

投醹最要，断应[1]不可过，不可不及。脚热发紧[2]不分摘[3]开，发过无力方投，非特酒味薄、不醇美，兼曲末少，咬甜糜不住，头脚不断应，多致味酸。若脚嫩、力小、酘[4]早，甜糜冷不能发脱[5]，折断多致涎慢，酒人谓之“攧了”。须是发紧，迎甜便酘，寒时四六酘[6]，温凉时中停[7]酘，热时三七酘。《酝法总论》：“天暖时二分为脚，一分投；天寒时中停投；如极寒时，一分为脚，二分投；大热或更不投。”一法只看醅脚紧慢加减投，亦治法也。若醅脚发得恰好，即用甜饭依数投之。若用黄米造酒，只以醋糜一半投之，谓之“脚搭脚”。如此酝造，暖时尤稳。若发得太紧，恐酒味太辣，即添入米一二斗；若发得太慢，恐酒味太甜，即添入曲三四斤；定酒味全在此时也。四时并须放冷。《齐民要术》所以专取桑落时造者，黍必令极冷故也。酘饭极冷，即酒味方辣，所谓偷甜也。投饭寒时烂揉[8]，温凉时不须令烂，热时只可拌和停匀，恐伤人气，北人秋冬投饭，只取脚醅一半，于案上共酘饭一处搜拌[9]，令匀，入瓮，却以旧醅盖之（缘有一半旧醅在瓮）。夏月，脚醅须尽取出案上搜拌，务要出却脚糜中酸气。一法，脚紧案上搜，脚慢瓮中搜，亦佳。寒时用荐盖，温热时用席，若天气大热发紧，只用布罩之。逐日用手连底掩拌。务要瓮边冷醅来中心。寒时以汤洗手臂，助暖气；热时只用木杷搅之。不拘四时，频用托布抹汗。五日以后，更不须搅掩也。

如米粒消化而沸未止，曲力大，更酘为佳。《齐民要术》：“初下用米一石，次酘五斗，又四斗，又三斗，以渐待米消即酘，无令势不相及。味足、沸定为熟。气味虽正，沸未息者，曲势未尽，宜更酘之；不酘，则酒味苦薄矣。第四第五六酘用米多少，皆候曲势强弱加减之，亦无定法。惟须米粒消化乃酘之。要在善候曲势。曲势未穷，米粒已消，多酘为良。”世人云“米过酒甜。”此乃不解体候耳。酒冷沸止，米有不消化者，便是曲力尽也。若沸止醅塌，即便封泥起，不令透气。夏月十余日、冬深四十日、春秋二十三四日可上槽。大抵要体当天气冷暖与南北气候，即知酒熟有早晚，亦不可拘定日数。酒人看醅生熟，以手试之，若拨动有声，即是未熟；若醅面干如蜂窠眼子，拨扑有酒涌起，即是熟也。供御祠祭十月造酘，后二十日熟；十一月造酘，后一月熟；十二月造酘，后五十日熟。(《北山酒经》卷下)

【注释】

①厮应：应对、配合。

②脚热发紧：容器底部发酵时产生热量，表明化学反应正在激烈进行。

③分摘：即“投醹”之“投”。

④酘(dòu)：再酿之酒。

⑤发脱：充分反应。

⑥四六酘：容器内存留(即“二分为脚”之“脚”)四成，酘六成。

⑦中停：中间，中等。

⑧烂揉：在低温时，通过揉烂来增加化学反应的面积，促

进反应。

⑨搜拌：搜搅，搅拌。

上槽

上槽是指将酒（液体）和酒糟的混合物放到木槽上，用力压榨，将酒从其中分离出来。李贺《将进酒》“小槽酒滴真珠红”提到了这个环节。

造酒寒时须是过熟①，即酒清数多，浑头白，酵少。温凉时并热时，须是合熟便压，恐酒醅过熟，又槽内易热，多致酸变。大约造酒自下脚至熟，寒时二十四五日，温凉时半月，热时七八日便可。上槽仍须匀装停铺。手安压版正下砧簟②，所贵压得匀干，并无湔失③。转酒入瓮，须垂手倾下，免见濯损酒味。寒时用草荐麦麸④围盖，温凉时去了，以单布盖之，候三五日，澄折⑤清酒入瓶。（《北山酒经》卷下）

【注释】

①过熟：过了酒熟的时候。

②“手安”句：用手按压正下方的砧、簟。

③湔（jiàn）失：湔，通“溅”，洒出来。

④草荐麦麸：将麦麸放在草上。

⑤澄折：将澄过的酒倒入另一个容器再澄清一次。

收酒

上榨以器就滴，恐滴远损酒[1]，或以小杖子引下亦可。压下酒须先汤洗瓶器，令净，控干。二三日一次折澄，去尽脚[2]，才有白丝即浑，直候澄折得清为度，即酒味倍佳。便用蜡纸封闭，务在满装，瓶不在大。以物阁起，恐地气发动，酒脚[3]失酒味。仍不许频频移动。大抵酒澄得清更满装，虽不煮，夏月亦可存留。内酒库水酒，夏月不煮，只是过熟，上榨澄清收。(《北山酒经》卷下)

【注释】

①滴远损酒：酒在入器前若流动时间过长，会蒸发掉，故曰“损酒”。

②脚：渣子。

③酒脚：容器底部的酒。

煮酒

凡煮酒，每斗入蜡二钱、竹叶五片、官局天南星[1]九粒，化入酒中，如法封紧，置在甑中。第二次煮酒不用前来汤，别须用冷水下。然后发火。候甑箄[2]上酒香透，酒溢出倒流，便揭起甑盖，取一瓶开看，酒滚即熟矣，便住火，良久方取下，置于石灰中，不得频移。白酒须泼得清，然后煮，煮时瓶用桑叶冥[③]之。金波兼使白酒曲，才榨下槽，略澄折二三日便蒸，虽煮酒亦白色。（《北山酒经》卷下）

【注释】

①天南星：中草药，因其形状像老人星，故名。有祛风止痉、化痰的功效。

②甑箄：甑内所放置的竹篮。

③冥：覆盖，遮挡光亮。

酒名

中国酒的美，还在于酒名之美。好的酒名，可雅可俗，不但使饮者闻其名而更有饮酒的兴致，而且可以浸入诗文愈传愈远。中国的酒名，有些是与制酒的材料有关，比如竹叶青。晋代张协《七命》即有“荆南乌程，豫北竹叶”之说。《酒谱》曰：“苍梧之地酿酒，以竹叶杂于中，极清洁。”有些与制酒的时节有关，比如梨花春。有些是兼而有之，比如菊花酒。而有些则是纯粹由诗歌而来，与制酒的材料和时令皆无关系。比如李白《陪族叔刑部侍郎晔及中书贾舍人至游洞庭五首》（其二）曰：“且就洞庭赊月色，将船买酒白云边。”于是便有了“白云边”的酒名。杜甫《舟前小鹅儿》有“鹅儿黄似酒，对酒爱新鹅”一语，后来汉中便有了“鹅黄酒”之名。但无论如何，在中国每一种酒名的背后，大都会有一个专属于它的故事。

梨花春

“春”，是美酒的代名词，古人早已有之。“春”，是说饮酒之后令人四肢温暖，有如春回时分，且饮酒之美好，亦如春光之和煦。时至今日，仍有“剑南春”“梅兰春”等名目。宋人王楙《野客丛书》引苏轼语曰：“唐人名酒多以‘春’名，退之诗：‘勤买抛青春。’《唐国史补》：‘荥阳土窟春、富平石冻春、剑南烧春。’子美诗：‘云安曲米春。’”春，是一年中最美好的季节，于是中国人便认为，杯中有酒，便是四季如春。

白居易《杭州春望》：“红袖织绫夸柿蒂，青旗沽酒趁梨花。”（《白氏长庆集》卷二〇）

杭州其俗，酿酒趁梨花开时，熟，则号梨花春。（《全祖备芳·前集》卷九）

附一：唐·曹唐《小游仙诗》（其八十九）

东溟两度作尘飞，一万年来会面稀。千树梨花百壶酒，共君论饮莫论诗。

附二：唐·武元衡《送田三端公还鄂州》

孤云迢递恋沧洲，劝酒梨花对白头。南陌送归车骑合，东城怨别管弦愁。青油幕里人如玉，黄鹤楼中月并钩。君去庾公应借问，驰心千里大江流。

附三：清·屈大均《柳梢青》（三原春日）

南北双城。梨花酒熟，一路相迎。蔬叶因陈，面条蝴蝶，多谢欢情。　嘶花宝马骑行。白渠上、交弹翠筝。处处秋千，人人踏鞠，消遣春明。（自注：三原酒，梨花春最佳。）

猴儿酿

与人工酿酒不同，古籍中还记载了非常有趣的“猴儿酿”。顾名思义，就是猿猴酿制的酒。这当然是比较荒诞的事情，但其理论依据便是果品经过简单的发酵之后，会产生乙醇，类似于酒的味道。古代文人大多是爱喝酒的，又多半有隐居山林的愿望，侣鱼虾而友麋鹿，于是山林中的“猴儿酿”便自然与文人的联想产生了契合。

黄山多猿，能采集花果，纳于山石窪[①]中，取木叶掩覆之，酝酿成酒，香闻百步，野樵或得偷饮之。（清·姚之骃《元明事类钞》卷三八）

曹私忆此间得酒更佳，老人已知，引至一崖，有石覆小凹，澄碧而香，曰："此猢狲酒也。"酌而共饮。（清·袁枚《新齐谐》卷二〇）

琼州多猿，射之辄腾跃树杪，于四周伐去竹木，然后张网得之。尝于石岩深处得猿酒，盖猿以稻米杂百花所造，一石穴辄有五六升许，味最辣，然绝难得。（清·屈大均《广东新语》卷二一）

【注释】

①窪（wā）：低洼的，凹陷的，也指深而清的水。

白羊酒

白羊酒是宋代极名贵的一种酒。宋人王钦臣《甲申杂记》曰："初贡团茶及白羊酒，惟见任两府方赐之。"所谓"两府"，指中书门下政事堂（掌管政务，亦称东府）和枢密院（掌管军事，亦称西府），是宋时最高的国务机关，必须是现任的官员才会被赏赐白羊酒。此酒身份之名贵，便可见一斑了。

腊月取绝肥嫩羯羊[①]肉三十斤，肉三十斤内要肥膘十斤。连骨使水六斗已来，入锅煮肉，令极软。漉出骨，将肉丝擘碎，留着肉汁。炊蒸酒饭时，匀撒脂肉拌饭上，蒸令软。依常盘搅，使尽肉汁六斗，泼馈了，再蒸，良久，卸案上，摊令温冷得所。拣好脚醅[2]，依前法酘拌，更使肉汁二升以来，收拾案上及元压面水，依寻常大酒法日数，但曲尽于酴米中用尔。一法，脚醅发，只于酘饭内方煮肉，取脚醅一处搜拌入瓮。(《北山酒经》卷下)

【注释】

①羯羊：阉割之后的公羊，肉质鲜美，膻味较轻。

②脚醅：用于再次酿造的底酒。

附一：诗文摘句

白羊酒熟初看雪，黄杏花开欲探春。(宋·曾巩《郡斋即事二首》其二)

况值白羊新酒熟，可能相就庆丰年。(宋·曾巩《再赴喜雪》)

我有白羊新赐酒，浇愁聊可一杯倾。(宋·刘挚《次韵答王定国》)

羊羔酒

羊羔酒与白羊酒的区别，大概是前者所用羊肉更为肥嫩。宋代《岁时广记》卷四“饮羔酒”条引《提要录》所载陶谷被“党太尉家故妓”讥笑一事，正在于此酒之名贵，为常人所未睹。《东京梦华录》所载“最是酒店上户”所出售的羊羔酒“八十一文一角”的价格也能说明这一问题。

大补元气，健脾胃，益腰肾。宣和化成殿真方：用米一石，如常浸浆。嫩肥羊肉七斤，曲十四两，杏仁一斤，同煮烂，连汁拌，末入木香一两同酿。勿犯水，十日熟，极甘滑。一法，羊肉五斤蒸烂，酒浸一宿，入消梨七个，同捣取汁，和曲米酿酒饮之。（清·李时珍《本草纲目》卷二五）

糯米一石，如常法浸浆，肥羊肉七斤，曲十四两，杏仁一斤，煮去苦水。又同羊肉多汤煮烂，留汁七斗，拌前米饭，加木香一两同酝。不得犯水，十日可吃，味极甘滑。（明·高濂《遵生八笺》卷一二）

附一：宋·陈景沂《全祖备芳·后集》卷二八

世传陶谷买得党太尉故妓，取雪水煎团茶，谓妓曰："党家应不识此。"妓曰："彼粗人，安得有此？但能销金帐下浅斟低唱，饮羊羔儿酒耳。"陶愧其言。（按，此条亦见《岁时广记》卷四）

附二：诗文摘句

朱门满酌羊羔酒，谁念茅茨有绝粮。（宋·王炎《冬至日雪》）

试开云梦羊羔酒，快泻钱唐药王船。（宋·苏轼《二月三日点灯会客》）

菊花酒

《西京杂记》载："九月九日，佩茱萸，食蓬饵，饮菊华酒，令人长寿。菊华舒时，并采茎叶，杂黍米酿之，至来年九月九日始熟，故谓之菊花酒。"《搜神记》卷二亦有如是记载，可见此说由来已久，然其所载酿酒之法与《北山酒经》不同，不妨两存之。自屈原、陶渊明以来，菊花便作为饮食的一种，深受文人喜爱，屡见篇咏。

九月，取菊花曝干揉碎，入米饙[①]中，蒸令熟，酝酒如地黄法。（《北山酒经》卷下）

【注释】

①饙（fēn）：蒸饭。

附一：诗文摘句

忽闻桑叶落，正值菊花开。（南北朝·庾信《蒙赐酒》）

夏来菰米饭，秋至菊花酒。〔（唐·储光羲《田家杂兴八首》（其八）〕

岚光莲岳逼，酒味菊花浓。（唐·郑谷《叙事感恩上狄右丞》）

桑落酒

桑落酒，在桑树叶落之时成熟，其酒味美，“饮之香美而醉，经月不醒”，因此成为中国名酒，距今已有一千六百多年。《魏书·汝南王悦传》载：“清河王怿为元义所害，悦了无仇恨之意，乃以桑落酒候伺之，尽其私佞。”可见其受朝中权贵欢迎的程度。桑落酒在宋代时曾被列入宫廷贡酒，而古代诗文亦多提及，庾信有“蒲城桑落酒”的名句，黄庭坚亦有“酌君以蒲城桑落之酒”的诗篇。

河东郡民有姓刘名堕者，宿擅工酿，采挹河流，酝成芳酎[①]，悬食同枯枝之年[②]，排于桑落之辰，故酒得其名矣。然香醑[③]之色，清白若滫[④]浆焉。别调氛氲，不与它同。兰薰麝越[⑤]，自成馨逸。方土之贡，选最佳酌矣。自王公、庶友牵拂相招者，每云：“索郎有顾，思同旅语。”“索郎”，反语[⑥]为“桑落”也。（郦道元《水经注》卷四）

后史补云：“河中桑落坊有井，每至桑落时，取其寒暄得所，以井水酿酒，甚佳，故号‘桑落酒’。旧京人呼为‘桑郎’，盖语

讹耳。”(《苕溪渔隐丛话·前集》卷二一)

【注释】

①酎(zhòu):醇酒。指经过两次或多次酝酿的重酿酒。

②悬食同枯枝之年:此句难解,大致是说在秋冬之际开始酿酒。悬食,或疑二字有脱误。枯枝之年,在树枝枯萎之时节。

③醑(xǔ):美酒。

④滫(xiǔ)浆:淘米水。

⑤越:飘散。

⑥反语:即反切,古代注音的一种方式。用两个字合成一个字的读音,前字取声母,后字取韵母和声调。

附一:唐·郎士元《寄李袁州桑落酒》

色比琼浆犹嫩,香同甘露仍春。十千提携一斗,远送潇湘故人。

附二:诗文摘句

坐开桑落酒,来把菊花枝。(唐·杜甫《九日杨奉先会白水崔明府》)

别岸酒浓桑叶落,野亭霜薄菊花疏。(宋·王禹偁《送王司谏赴淮南转运》)

滩流急处水禽下,桑叶空时村酒香。(宋·陆游《过江山县浮桥有感》)

葡萄酒

张骞出使西域时期（前138—前119年）将葡萄带回中原，之后便开始了葡萄的种植和葡萄酒的酿造。《史记·大宛列传》载："宛左右以蒲桃为酒，富人藏酒至万余石，久者数十岁不败。"陆机《饮酒乐》诗曰："蒲萄四时芳醇，琉璃千钟旧宾。"至唐代时葡萄酒的文化已相当璀璨，《唐会要》卷一百载："蒲桃酒，西域有之，前世或有贡献，及破高昌，收马乳蒲桃实于苑中种之，并得其酒法，自损益造酒，酒成，凡有八色，芳香酷烈，味兼醍醐，颁赐群臣，京中始识其味。"经过王翰《凉州词》"葡萄美酒夜光杯"的传颂，葡萄酒更是家喻户晓。据《龙城录》记载，唐代魏徵"能治酒，有名曰醽渌，常以大金罂贮盛十年饮，不败其味"，所言大概即为萄萄酒。

酸米[①]入甑蒸，气上，用杏仁五两（去皮尖）。葡萄二斤半（浴过，干，去子皮）。与杏仁同于砂盆内一处，用熟浆三斗逐旋研尽为度，以生绢[②]滤过。其三斗熟浆，泼饭软[③]，盖良久，出饭，摊于案上。依常法，候温，入曲搜拌。（《北山酒经》卷下）

【注释】

①酸米：已发酵的（糯）米。

②生绢：未经漂煮过的绢，质地较为坚硬，过滤性较好。

唐以前也常用于书法、绘画等。

③饭软：用糯米做成的软饭。

附一：元好问《蒲桃酒赋》（并序）[①]

刘邓州光甫为予言："吾安邑多蒲桃，而人不知有酿酒法。少日，尝与故人许仲祥，摘其实并米炊之，酿虽成，而古人所谓'甘而不饴，冷而不寒者'，固已失之矣！贞祐中，邻里一民家，避寇自山中归，见竹器所贮蒲桃在空盎上者，枝蒂已干，而汁流盎中，薰然有酒气。饮之，良酒也！盖久而腐败，自然成酒耳。不传之秘，一朝而发之，文士多有所述。今以属子，子宁有意乎?"予曰："世无此酒久矣！予亦尝见还自西域者云：'大石人，绞蒲桃浆封而埋之，未几成酒；愈久者愈佳。有藏至千斛者。'其说正与此合。物无大小，显晦自有时，决非偶然者。夫得之数百年之后，而证数万里之远，是可赋也。"于是乎赋之，其辞曰：

西域开，汉节回。得蒲桃之奇种，与天马兮俱来。枝蔓千年，郁其无涯。敛清秋以春煦，发至美乎肧胎。意天以美酿而饱予，出遗法于湮埋。序罔象之玄珠[②]，荐清明于玉杯。露初零而未结，云已薄而仍裁。挹幽气之薰然，释烦悁于中怀。觉松津之孤峭，羞桂醑之尘埃[3]。我观《酒经》，必曲蘖之中媒。水泉资香洁之助，秫稻取精良之材。效众技之毕前，敢一物之不谐？艰难而出美好，徒酖毒之贻哀。繄工倕[4]之物化，与梓庆[5]之心斋。既以天而合天，故无桎乎灵台。吾然后知珪璋玉毁，青黄木灾。音哀而鼓钟，味薄而盐梅。惟挥残[6]天下之圣法，可以复婴儿之未孩。安得纯白之士，而与之同此味哉。

【注释】

①题解：元好问（1190—1257），字裕之，号遗山，元代著名文学家。此赋所体现的葡萄酒的酿造过程较为简单，序文所言"久而腐败，自然成酒"和"绞蒲桃浆封而埋之"等，都是一笔带过。作者认为葡萄酒的酿造过程与传统的酒曲酿造的过程大不相同，它不需要其他催化剂，是"以天合天"的典型代表。赋文也以此为核心基点，所论"音哀而鼓钟，味薄而盐梅"，正有《老子》"大道废，有仁义"之意味，全文以老庄思想为核心而展开，在诸多酒赋中别具一格。

②序罔象之玄珠：罔象，没有形迹。罔，无。这里指成串的葡萄，兼与下文之意相兼顾。《庄子·天地》曰："黄帝游乎赤水之北，登乎昆仑之丘而南望。还归，遗其玄珠。使知索之而不得，使离朱索之而不得，使喫诟索之而不得也。乃使象罔，象罔得之。黄帝曰：'异哉，象罔乃可以得之乎？'"

③松津、桂醑：杂以松浆、桂花气味的酒。

④工倕：《庄子·达生》载“工倕旋而盖规矩，指与物化，而不以心稽”。陆德明《释文》：“工倕，尧工，巧人也。”

⑤梓庆：《庄子·达生》篇所塑造的达到心斋境界的人物，梓庆“削木为鐻，鐻成，见者惊犹鬼神”。

⑥挥残：全部毁去。

附二：明·高启《尝葡萄酒歌》

西域几年归使隔，汉宫遗种秋萧瑟。谁将马乳压瑶浆，远饷江南渴吟客。赤霞流髓浓无声，初疑豹血淋银罂。吴都不数黄柑酿，隋殿虚传玉薤[①]名。闻道轮台千里雪，猎骑弓弦冻皆折。试唱羌歌劝一觞，毡房夜半天回热。绝味今朝喜得尝，犹含风露万珠香。床头如能有五斗，不将轻博凉州守[②]。

【注释】

①玉薤：一种美酒。旧题柳宗元《龙城录》卷下“魏徵喜治酒”条载“兰生，即汉武百味旨酒也。玉薤，炀帝酒名”。

②“不将”句：《三国志·魏书·明帝纪》裴松之注引《三辅决录》载“（孟）佗又以蒲桃酒一斛遗（张）让，即拜凉州刺史”。

椰子酒

和葡萄酒一样，椰子酒也是一种天然发酵的酒。南宋李纲（1083—1140）曾写过一篇《椰子酒赋》，全文继承屈原《橘颂》传统，托物言志，与众不同。李纲，字伯纪，号梁溪先生，两宋之际抗金名臣，有《梁溪全集》传世，今人整理为《李纲全集》。此赋开宗明义，首先结合椰子产于南方的地理特征，论述了椰子"禀炎辉之正气"的品质，这是宋室南渡之后民族精神在诗赋中的体现。赋中虽然也提及了常见典故，如蒲萄凉州、渊明秫米等，但"炎荒九秋""美人千里"的用词，还是让人容易联想到作者的人格精神、胸襟抱负等。末句"可忘怀而一醉"，正说明作者平日是难以忘怀世事的。

伊南方之硕果，禀炎辉之正气。实石致而晬[①]文，肤脂凝而腻理，厥中枵然，自含天醴，酿阴阳之细缊[②]，蓄雨露之清泚，不假曲蘖，作成芳美。流糟粕之精英，杂羔豚之乳髓，何烦九酝[③]，宛同五齐[④]。资达人之嗽吮，有君子之多旨；穆生对而欣然，杜康尝而愕尔。谢凉州之蒲萄，笑渊明之秫米。气盎盎而春和，色温温而玉粹。当炎荒之九秋，寄美人于千里。不费瓶罍，以介[⑤]寿祉。破紫壳之坚圆[⑥]，剖冰肌之柔脆[⑦]，酌彼窪樽，荐兹妙味。吸沆瀣[⑧]而咀琼瑶，可忘怀而一醉。（李纲《椰子酒赋》）

【注释】

①睟（suì）：颜色纯一而有润泽。

②䌷缊：亦作“氤氲”，指云气缭绕。

③九酝：经过重新酿造的美酒。九，泛指多。《西京杂记》卷上载“汉制，宗庙八月饮酎，用九酝、太牢。皇帝侍祠，以正月旦作酒，八月成，名曰酎，一曰九酝，一名醇酎”。

④五齐：亦称“五齍”，泛指酒。古代按酒的清浊，将酒分为五等，故称“五齐”。《周礼·天官·酒正》：“辨五齐之名：一曰泛齐，二曰醴齐，三曰盎齐，四曰缇齐，五曰沉齐。”郑玄注：“自醴以上，尤浊缩酌者，盎以下差清。”唐代《朝日乐章·送神》：“五齐兼酌，百羞具陈。”

⑤介：佐助。《豳风·七月》中有“为此春酒，以介眉寿”。

⑥紫壳之坚圆：指蟹。

⑦冰肌之柔脆：指荔枝。

⑧沆瀣：夜间的露水。屈原《远游》有“飡六气而饮沆瀣”。

附一：宋·陈景沂《全祖备芳·后集》卷一九引《嵇氏录》：

昔林邑王与越王有故怨，遣侠客刺之，得其首，垂于木上，俄化为椰子。林邑王愤之，剖为饮器，南人至今效之。当刺时，越王大醉，故其浆犹如酒，俗称曰“越王头”云。

附二：宋·黄庭坚《以椰子小冠送子予》

浆成乳酒醺人醉，肉截鹅肪上客盘。有核如匏可雕琢，道装宜作玉人冠。

竹叶酒

竹叶酒，古代对淡绿色酒的统称。文人爱竹，亦爱酒，竹叶酒既是一种物质审美，也是一种精神寄托。

（淡竹叶）处处原野有之。春生苗，高数寸，细茎绿叶，俨如竹米落地所生细竹之茎叶，其根一窠数十须，须上结子，与麦门冬一样，但坚硬尔。随时采之。八、九月抽茎，结小长穗。俚人采其根苗，捣汁和米作酒曲，甚芳烈。（李时珍《本草纲目》卷一六“淡竹叶”条）

附一：宋·苏轼《竹叶酒》

楚人汲汉水，酿酒古宜城。春风吹酒熟，犹似汉江清。耆旧何人在，丘坟应已平。惟余竹叶在，留此千古情。

附二：诗文摘句

乃有荆南乌程，豫北竹叶。浮蚁星沸，飞华萍

接。（西晋·张协《七命》）

急闭篛篷拥炉去，竹叶梨花十分注。（宋·杨万里《晓泊兰溪》）

庭垂竹叶因思酒，室有兰花不炷香。（宋·戴复古《家居复有江湖之兴》）

家酿

古人在提到“家酿”时，往往会有一种自豪感，因为他们不需要到市场上沽酒，这既是一种生活闲适富足的体现，也可以作为真诚质朴的交友之道。由于古代酿酒技术基本成型，制作程序大体有迹可循，所以酒的质量好坏，往往取决于用料的优劣、充足与否以及工艺的精细程度。因此，家酿显然要精于官酒和村市酒。此外，古人交往馈赠时，家酿也是不错的选择，一者可以用土仪的身份增进情感，二者也可以作为赠送方的自我展示，诗文往来之中，文人雅事也就能充分体现。家酿还是古人情绪失落时的一种安慰，它凭借着独一无二的口感，将乡愁带入味蕾记忆。借酒消愁是古今饮者的通例并无太大区别，而家酿又将“家”字蕴含其中，更是仕途失志、羁旅行役的文人墨客的无声知己。古代的大诗人如白居易、杨万里、陆游等，都反复在诗歌中提及“家酿”，甚至给家酿取了很好听的名字，这除了表明他们热爱生活、善于生活之外，还表明“家”在他们心中的重要地位，“朝”中失意，自然就会想到“家”。因此，它与“修身齐家治国平天下”中的“家”略有不同：“家酿”的“家”充满温馨自在，是避风的港湾，“齐家”中的“家”是一种社会责任和担当，要严肃很多。

苏辙《戏作家酿二首》

相较于无可救药的乐天派苏轼，苏辙要显得严肃平正许多，其诗中诙谐的成分也不及乃兄丰富，但苏辙毕竟是文学大家，其包容性仍非一般诗人可比，其中也不乏诙谐轻松的部分。第一首“入腹”句，使用俗谚，平易近人；第二首“愍愍”两句将馋酒之状描摹殆尽。但苏辙毕竟严谨，即便以“戏作”为题，且所写为“家酿”，诗中仍然提到“今年利陂塌，碓声喧里闾”，表明丰衣足食后方进行酿酒，而非嗜酒沉湎之人所为。

方暑储曲糵，及秋舂秫稻。甘泉汲桐柏，火候问邻媪。唧唧鸣瓮盎，暾暾化梨枣。一拨欣已熟，急搊[①]嫌不早。病色变渥丹，羸躯惊醉倒。子云多交游，好事时相造。嗣宗尚出仕，兵厨可常到。嗟我老杜门，奈此平生好。未出禁酒国，耻为瓮间盗。一醉汁滓空，入腹谁复告（俗谚有入腹无脏之语）。

我饮半合耳，晨兴不可无。千钱买一斗，众口分须臾。月俸本有助，法许吏未俞。愍愍坐相视，馋涎落盘盂。颍渼[2]旧乏水，粳糯贵如珠。今年利陂堨，碓声喧里闾。典衣易钟釜，入瓮生醍醐。欢欣走童孺，左右陈肴蔬。细酌奉翁媪，余润沾庖厨。诘朝日南至，相戒留全壶。一家有喜色，经冬可无沽。莫怪杜拾遗，斗水宽忧虞[3]。（《栾城集·后集》卷四）

【注释】

①搊（chōu）：方言，用手将物体向下倾倒或掀翻。

②渼（yì）：颍水的支流。

③“斗水”句：杜甫《引水》有中“斗水何直百忧宽”。

苏辙《九日家酿未熟》

仕途失意之时，加之“每逢佳节倍思亲”的乡愁，使得诗人对“家酿”的思念更加浓厚，可偏偏“今年失家酿”。一时的忧郁之情也就难以排解了，此诗所写对家酿的思念，其实也是自己内心逐渐平复的过程。

平生不喜饮，九日犹一酌。今年失家酿，节到真寂寞。床头泻余樽，畦菊吐微萼。洗盏对妻孥，肴蔬随厚薄。兴来欲径醉，量尽还自却。傍人叹身健，省己知脾弱。尚有姑射人，自守常绰约[1]。养生要慈俭，已老惭矍铄。燕居渐忘我，杜门奚不乐。风曲日已干，浊醪可徐作。（《栾城集·三集》卷二）

【注释】

①“尚有”句:《庄子·逍遥游》中载“藐姑射之山，有神人居焉，肌肤若冰雪，绰约若处子”。

陆游《村舍杂书》其五

这首诗的妙笔在于末句自注。陆游在写诗的时候，非常喜欢自注，读者也得以窥见诗人更为有趣的内心。在这些自注中，不乏作者自鸣得意之笔，这种心情倒是和杜甫有些相似。

五月新麪成[1]，六月甘瓜熟。作曲及良时，火见金始伏[2]。悬知桑落后，醅面酴如粥。再拜谢天公，无功叨美禄[3]（予家酿用宛丘瓜曲法）(《剑南诗稿》卷三九)

【注释】

①麪：同“面”。

②“火见”句：谓暑去秋来。

③美禄：指酒。《汉书·食货志下》载“酒者，天之美禄，帝王所以颐养天下，享祀祈福，扶衰养疾”。

陆游《家酿颇劲戏作》

诗歌一共八句，两两一组，共提出了四组对比。这些对比实际上也是作者深入思考的过程，末句将嵇康、阮籍与陶渊明对比，肯定了后者，是因为陶渊明才是“天真”的代表，而嵇、阮的举动更像是“烈士殉名”。

千古英雄骨作尘，不如一醉却关身。鼎来虽恨王陵戆[①]，熟味方知孟子醇[②]。试问浩歌遗世事，何如酣枕养天真？竹林嵇阮虽名胜，要是渊明最可人。(《剑南诗稿》卷七四)

【注释】

①“鼎来”句：鼎来，方来，正来，谓功名倘然而来也。王陵戆（gàng）：《史记》卷八《高祖本纪》载“吕后问：‘陛下百岁后，萧相国即死，令谁代之？’上曰：‘曹参可。’问其次，上曰：‘王陵可。然陵少戆，陈平可以助之。’”

②孟子醇：韩愈《读荀子》载“孟氏醇乎醇者也，荀与扬，大醇而小疵”。

杨万里《初十日早炊蕉步，得家书并家酿二首》(选一)

杨万里是一个善于生活的人，在这方面也许并不亚于白居易，只是白居易诗名太盛，“闲适诗”的名号经其自身提出后，仿佛成了专有的标签。其实杨万里也有很多“闲适诗”，一草一木，一鸟一虫，朝景暮思，喜怒哀乐，这些在《诚斋集》中俯仰皆是，它也许不能做到每一首都精美，但可以肯定的是，每一首都很真实。

年年自漉雪前醅，今岁无缘得一杯。政是荒村愁绝处，家中送得六尊来。(《诚斋集》卷一八）

杨万里《新酒歌》

杨万里颇以家酿自豪，除此诗中提到了的“杜子香”“清无底”之外，还有“金盘露”“椒花雨”，仅从名称上就可看出杨万里的喜爱、重视与得意。

官酒可憎，老夫出家酿二缸，一曰桂子香，一曰清无底，风味凛冽，歌以纪之。

酸酒齑[①]汤犹可尝，甜酒蜜汁不可当。老夫出奇酿二缸，生民以来无杜康。桂子香，清无底，此米不是云安米，此水只是建邺水。瓮头一日绕数巡，自候酒熟不倩人。松槽葛囊才上榨，老夫脱帽先尝新。初愁酒带官壶味，一杯径到天地外。忽然玉山倒瓮边，只觉剑铓割肠里。度撰[②]酒法不是侬，此法来自太虚中。酒经一卷偶拾得，一洗万古甜酒空[③]。酒徒若要尝侬酒，先挽天河濯渠手。却来举杯一中之，换君仙骨君不知。(《诚斋集》卷二三）

【注释】

①齑（jī）：本意指捣碎的姜、蒜、韭菜等，这里指混杂他

物的汤汁。

②度撰：即杜撰。

③“一洗”句：杜甫《丹青引赠曹将军霸》有中“一洗凡马万古空”。

杨万里《谢李元德郎中饷家酿二首》

此两首诗皆为戏辞，以显示朋友间的亲密无间，但行文毕竟过于滑稽，在全部的杨诗中并非上乘之作。

长史衔杯太白醺，诙词笑杀古来人。至今太白一船酒[①]，不饮还将饮子云[②]。

惠山山下玉泉香，酿作鹅儿一拂黄。吏部只知防姓毕，不知吏部有它杨[③]。（《诚斋集》卷二二）

【注释】

①太白：谓李元德，因其与李白同姓。

②子云：自指，因与扬雄同姓。

③它杨：自谓，戏辞也。

朱熹《家酿二首》

朱熹（1130—1200），字元晦，一字仲晦，号晦庵，南宋著名理学家。朱熹以理学家的身份为人所熟知，其实他也是一位优秀的诗人。即便是面对一些不太擅长的题材，朱熹写来也能轻松自如。从韵脚上看这确实是两首诗，但从诗意上看，每首又可分为前后两层，仿佛是相互回应。

铚艾无中熟①，欢谣阙屡丰。但知愁鬓白，那复醉颜红。田舍寒如此，侯家事不同。新醅拨浮蚁，春满夜堂中。

闻道兵厨盛，春泉响腊篘。定知盈榼送，不待扣门求。沆瀣应难比，茅柴只自羞。病身从法缚，好客为公留。熹近戒酒，故有“法缚”之句。既作此诗而白衣已至，宾朋已集，可谓诗谶矣，一笑。（《晦庵集》卷三）

【注释】

①“铚（zhì）艾”句：铚艾，收割。《周颂·臣工》载“命我众人，庤乃钱镈，奄观铚艾”。毛传“铚，获也”。中熟，中等的收成。

村市酒

村市酒在诗人的眼中自然是不及家酿的，但在抒情上有其特定的作用。村市酒虽然都是家酿的反义词，然而还是略有区别：村酒一般而言质量较低，酒味较薄，市酒有一部分是质量较高的，尤其是大都市的酒店。李白《金陵酒肆留别》中说“玉碗盛来琥珀光”，不但酒美，甚至盛酒的器皿也是极为精致的。杜甫说李白“长安市上酒家眠”，而李白笔下的酒多是美酒，“金樽清酒斗十千”，虽略夸张，但其价格之昂贵可见一斑。相较之下，杜甫所说的“速宜相就饮一斗，恰有三百青铜钱”，所饮之酒恐怕就是低劣的酒了。同样是长安酒市上的酒，价值却如此悬殊。对常人而言，杜甫所饮的廉价酒怕是常态，因为没有多少人有勇气喊出“千金散尽还复来”这样的诗句。在大部分情况下，村市酒并非美酒的代名词，但形诸诗人笔端却是另一番滋味，因为羁旅愁苦之时，只要有酒，便可销愁，“浊醪有妙理”即是此意，此其一；其二，村酒虽非家酿，但它代表着诗人对乡土的情感，乡社饮酒也是古代宗法制度的一种体现，久居故乡的陆游便对村酒有着特别的感情，“莫笑农家腊酒浑”便是此意。

白居易《晚春沽酒》

诗题写“晚春”，比喻美好事物即将结束，这就为沽酒提供了情感基础。“卖我所乘马，典我旧朝衣”，颇有李白“五花马，千金裘，呼儿将出换美酒”的意味，但白居易写来平淡朴素，人人皆有此感，不是李白那种豪放飘逸的姿态，可见诗人性情是不可强求的。

百花落如雪，两鬓垂作丝。春去有来日，我老无少时。人生待富贵，为乐常苦迟。不如贫贱日，随分开愁眉。卖我所乘马，典我旧朝衣。尽将沽酒饮，酩酊步行归。名姓日隐晦，形骸日变衰。醉卧黄公肆[①]，人知我是谁？（《白氏长庆集》卷六）

【注释】

①黄公肆：指酒店。肆，酒肆。《世说新语·伤逝》载“王浚冲为尚书令，著公服，乘轺车，经黄公酒垆下过，顾谓后车客：‘吾昔与嵇叔夜、阮嗣宗共酣饮于此垆，竹林之游，亦预其末。自嵇生夭、阮公亡以来，便为时所羁绁。今日视此虽近，邈若山河。’”

白居易《与梦得沽酒闲饮且约后期》

诗中写到沽酒的价格是“十千”，其来源于曹植《名都篇》：“归来宴平乐，美酒斗十千。”白居易写来与曹植、李白的口吻并不相似，“闲征雅令”“醉听清吟”估计也是二人乐意的，唯其不同，才能显示出白居易的诗风。

少时犹不忧生计，老后谁能惜酒钱[①]？共把十千沽一斗，相看七十欠三年。闲征雅令穷经史，醉听清吟胜管弦。更待菊黄家酝熟，共君一醉一陶然。（《白氏长庆集》卷六七）

【注释】

①“少时”句：谓年少之时犹不为生计考虑，今老矣，谁复惜此酒钱耶？

刘禹锡《乐天以愚相访，沽酒致欢，因成七言，聊以奉答》

刘禹锡此诗是对上首白居易诗歌的回应，二者有着明显的对应关系，但宋代以前次韵诗较少，即便是同一件事情、同一场合下的往返赠答，诗人也可以采用不同的韵脚。可见唐以前，诗人创作规矩较少，还是相对简易的。

少年曾醉酒旗下，同辈黄衣颔亦黄。蹴踏[①]青云寻入仕，萧

条白发且飞觞。令征古事欢生雅，客唤闲人兴任狂。犹胜独居荒草院，蝉声听尽到寒螿。(《刘梦得集·外集》卷四)

【注释】

①蹴（cù）踏：踩踏、蹂躏，这里指踏着。杜甫《韦讽录事宅观曹将军画马图》句："霜蹄蹴踏长楸间，马官厮养森成列"。

韦应物《酒肆行》

韦应物，字义博，生卒年不详，京兆杜陵（今陕西省西安市）人，世称"韦苏州"。此诗借酒肆位置的"显"与"隐"，比喻野处之贤才无由为人赏识，语言含蓄蕴藉，有一唱三叹之风。此外，诗中写到的细节，如"初醲后薄"云云，贴合实际生活，进而发出"知名不知味"的感叹也就不那么突兀了。

豪家沽酒长安陌，一旦起楼高百尺。碧疏玲珑含春风，银题彩帜[①]邀上客。回瞻丹凤阙，直视乐游苑。四方称赏名已高，五陵车马无近远。晴景悠扬三月天，桃花飘俎柳垂筵。繁丝急管一时合，他垆邻肆何寂然。主人无厌且专利[②]，百斛须臾一壶费。初醲后薄为大偷，饮者知名不知味。深门潜酝客来稀，终岁醇醲味不移。长安酒徒空扰扰，路傍过去那得知。(《韦苏州集》卷九)

【注释】

①银题彩帜：即酒旗。

②专利：专心于利，唯利是图。

陆游《东郊饮村酒大醉后作》

村酒虽然给了陆游以故土的安慰，但同时也在告诉诗人，他所处的状态并非疆场而是孤村。功名无望之时，诗人甚至发出“正可死陇亩”的激愤之言。在此诗中，陆游提出了一个有趣的问题：“邯郸一梦”中的梦，为何是在邯郸这样的大都市，为何农夫不会有这样的梦？“要是念所有”，可谓一语惊醒梦中人。

丈夫无苟求，君子有素守。不能垂竹帛，正可死陇亩。邯郸枕中梦，要是念所有。持枕与农夫，亦作此梦否？今朝栎林下，取醉村市酒。未敢羞空囊[①]，烂漫诗千首。（《剑南诗稿》卷八）

【注释】

①囊：诗囊也，如李贺之锦囊。

陆游《初冬从父老饮村酒有作》

诗中的“荞花”“荳荚”紧扣诗题中的“初冬”，“山路”“水滨”紧扣“父老”。兔与鱼，是父老的额外收获，也是绝佳的下酒菜。

陆诗中经常将兔子作为下酒菜，比如《鹅湖夜坐书怀》："劲酒举数斗，壮士不能当。马鞍挂狐兔，燔炙百步香。"《秋郊有怀》(其二)："担头买双兔，市店取斗酒。"《荞麦初熟刈者满野喜而有作》："猎归炽火燎雉兔，相呼置酒喜欲狂。"饮村酒，吃野味，对赋闲久居的诗人来说确是一种心灵安慰。

父老招呼共一觞，岁犹中熟有余粮。荞花漫漫浑如雪，荳荚离离未著霜。

山路猎归收兔网，水滨农隙架鱼梁。醉看四海何曾窄（苏子美诗云："吁嗟四海窄。"）且复相扶醉夕阳。(《剑南诗稿》卷二三）

陆游《村酒》

陆诗所写为太平盛世之景象，尝村酒变成了击壤升平的应有之义。"截"字用拟人的手法，将酒旗招人的姿态写得逼真动人。

乱山落日渔歌长，平畴①远风粳稻香。酒旗摇摇截官道，归家未迟君试尝。(《剑南诗稿》卷五七）

【注释】

①平畴：平坦的田野。陶渊明《癸卯岁始春怀古田舍二首》

（其二）中有“平畴交远风，良苗亦怀新”。

陆游《饮村酒》

诗写众人议论纷纷，缘其忧乐未能离心，而已昏然大醉。此真遗世者也。

湘浦骚人咏啜漓，黄州饮湿[①]又增奇。纷纷坐客评清浊，我已昏然睡不知。（《剑南诗稿》卷七三）

【注释】

①饮湿：苏轼《岐亭五首》（其四）中有“三年黄州城，饮酒但饮湿”。

杨万里《尝诸店酒醉吟二首》

杨万里用简单的语言不但能写出有意味的句子，还能表达深层的含义。前一首中“醒人作醉语，语好终不是”，说明创作机缘的重要性，醉语天真，非清醒时所能得，正如“颓然得佳寐”一般，它是一个瞬间的表现。后一首“青天不开时，我醉眠苍苔”，写出行止随时，不傲世、不屈己的生活哲理。

饮酒定不醉，尝酒方有味。清浊与醇醨，杂酌注愁肺。偶尔遇真趣，颓然得佳寐。醒人作醉语，语好终不是。

我饮无定数，一杯复一杯[1]。醉来我自止，不须问樽罍。白眼望青天，青天为我开。青天不开时，我醉眠苍苔。(《诚斋集》卷二六)

【注释】

①一杯复一杯：李白《山中与幽人对酌》中有“一杯一杯复一杯”。

新酒

现代人喜欢用“陈酿”“老酒”来形容友谊深厚。友情经过时间的沉淀，变得更加醇厚久远、回味无穷，就像老酒一样。但这与古人大不相同，古代由于酿酒技术不发达，酿好的新酒保质期并不长，放久了容易变质。《韩非子·外储说右上》记载了一个“狗猛酒酸”的故事，说卖酒的人养了一条凶猛的狗，狗看见买酒的人拿着器皿上前，就狂吠不止，时间长了，酒肆无人光顾，导致酒味变酸而卖不出去。所以古代的酒并非是存放时间越长越好，新酒才更受人们欢迎，更受重视。古人在提到“旧醅”时，多半属于无奈或是谦言。杜甫“樽酒家贫只旧醅”，是说因为家贫，所以仅有“旧醅”，表明招待不周之意。李白《金陵酒肆留别》“吴姬压酒劝客尝”，陆游《早春对酒感怀》“芳瓮旋开新压酒”，其中的“压”字写的就是新酒。

杜甫《孟仓曹步趾领新酒酱二物满器，见遗老夫》

这首诗的第三句和第六句相对，第四句和第五句相对。末句向友人索取“方法”，写出了人间烟火气。

楚岸通秋屐，胡床面夕畦。藉糟分汁滓，瓮酱落提携。饭粝添香味，朋来有醉泥[①]。理生那免俗，方法报山妻[②]。（《杜诗详注》卷二〇）

【注释】

①泥：纠缠。

②山妻：杜甫之妻，谦辞。

白居易《和尝新酒》

诗中说“偶成卯时醉”，只是偶然而已，其实白居易多次写到卯饮，如《桥亭卯饮》《卯饮》《卯时酒》等。白居易经常卯饮，除了可能涉及的养生之外，更多地还是在于他心境的“和”与“澹”。

空腹尝新酒，偶成卯时醉。醉来拥褐裘，直至斋时睡。睡酣不语笑，真寝无梦寐。殆欲忘形骸，讵知属天地[①]。醒余和[②]未散，起坐澹无事。举臂一欠伸，引琴弹秋思。（《白氏长庆集》

卷五二）

【注释】

①“殆欲”句：恐怕连自己的形骸都要忘记了，又怎知此身尚属天地呢？

②和：胸中淳和之气。

白居易《尝新酒忆晦叔二首》

这首组诗特意采用复沓的形式，与《何处难忘酒》《不如来饮酒》相似，重在倾述而非说理。读此诗，有如面晤，这也是白居易擅写友情的一大表现。

樽里看无色，杯中动有光。自君抛我去，此物共谁尝。

世上强欺弱，人间醉胜醒。自君抛我去，此语更谁听。（《白氏长庆集》卷六四）

元稹《饮新酒》

元稹的诗在整体上要略逊于白居易，但水准也是很高的。此诗四句，前三句专写需要饮酒的理由：新酒初熟，菊花盛开，抒发心志。在五绝中如此安排，紧密而不拥挤。

闻君新酒熟，况值菊花秋。莫怪平生志，图销尽日愁。（《元氏长庆集》卷一五）

梅尧臣《依韵和谢副閤寄新酒》

此诗三句虚写，一句实写。实写为所寄新酒的“玻瓈”之色，虚写用“闻道”“谁忆”标示，章法跳跃，结构巧妙。

闻道芳洲景气新，却输鸥鹭日相亲。小槽酒熟玻瓈[1]色，谁忆高台共赋人。（《宛陵先生文集》卷六）

【注释】

①玻瓈：即玻璃。李贺《秦王饮酒》诗句“羲和敲日玻瓈声”。

韩淲《酒熟》

诗写深秋酒熟、山色欲暝之时，“残菊”和“老枫”是节操的象征，“乃吾事”是一副兀傲口吻，世既已无可为，取醉又有何妨？

意绪忽不整[1]，瓮头新酒香。雨细起暝色，天低漏寒光。残花菊枝短，老叶枫树长。取醉乃吾事，山空欲清霜。（《涧泉集》卷四五）

【注释】

①不整：不端正，这里指意绪无法安定。

毛滂《新酒熟奉怀曹使君》

毛滂（1056—约1124），字泽民，衢州江山（今浙江省衢州市）人，今《浙江文丛》收录有《毛滂集》。此诗前六句写酒，用“云腴”“玉汁”比喻酒，中间写曹使君不愿为礼法所缚，因此待客亦尚简朴，后四句写来日饮酒之约。

水沙卧瓮青练幂，浮蛆欲上真珠泣。蒙漫昆山清露零，洗下云腴和玉汁。小槽决决秋泉语，老盆艳艳[①]春光湿。不妨力饮荐寒英，只忧秋老金肤涩。先生何翅[②]七不堪，袍靴裹缚肩骭急。醉乡礼法稍宽闲，倒著接䍦犹许入。南楼老子冰雪肠，咳唾珠玑纷可拾。未许王郎见短歌[③]（原注：曹公自识面，裁见三绝句），已容赵壹唯长揖[④]（原注：顷来归来，未及谒而公折简先至，云第著帽进，勿拘俗礼）。迩来铃斋作禅观，锦瑟间多山玉立[⑤]（原注：公昨日得简云：“郡斋极沉寂寡味”）。欲留一斗向吴兴，何日南楼和月吸。（《东堂集》卷二）

【注释】

①艳艳：通“滟滟”。

②何翅：即“何啻”，谓不止也。翅，通“啻”。

③王郎见短歌：杜甫有《短歌行赠王郎司直》一诗。

④赵壹唯长揖:《后汉书》卷一一〇《文苑传下》载“司徒袁逢受计，计吏数百人皆拜伏庭中，莫能仰视，壹独长揖而已”。

⑤山玉立：谓曹使君独立于郡斋之中。世人以“玉山”谓嵇康，此借用。

吕本中《谢新酒螃蟹》

吕本中（1084—1145），字居仁，号紫薇，吕夷简玄孙。此诗的主要风格在于诙谐。朋友间的馈赠来往，如果讲得郑重其事，便索然无味了，宋人写这类主题往往都是轻松幽默的风格，但也不是一味诙谐，那样就变成打油诗了，所以后两句连用两个典故，使诗句与俗事达成巧妙的平衡。

提壶满送小槽春[①]，尖团未霜亦可人[②]。略借毕郎左右手，为公一洗庾公尘[③]。(《东莱集》卷一〇)

【注释】

①小槽春：谓新酒。

②“尖团”句：霜后而蟹肥，诗谓虽未霜而蟹亦令人满意。

③庾公尘：庾公，指庾亮，字元规。《世说新语·轻诋》载“庾公权重，足倾王公。庾在石头，王在冶城坐，大风扬尘。王以扇拂尘，曰:‘元规尘污人。’”王，王导也。

陆游《新酿熟，小酌索笑亭》

此诗写得平易近人，初看之下没有任何典故。也许是陆游一生写诗太多的原因，这一首好像也属于漫不经心之作，但“技止此”与“人谓何”依然有典，尤其是后者，几乎难以觉察，可谓入化矣。

新酒黄如脱壳鹅①，小园持盏暂婆娑②。文章不进技止此，仕宦忘归人谓何③。宿业簿书昏病眼，梦游烟雨湿渔蓑。醉中笑向儿童说，白发今年添几多？（《剑南诗稿》卷一二）

【注释】

①“新酒”句：用杜甫“鹅儿黄似酒，对酒爱新鹅”之句。

②婆娑：盘旋舞动貌。《陈风·东门之枌》中有“子仲之子，婆娑其下”句。毛传“婆娑，舞也”。

③人谓何：徐坚《初学记》卷一一引“象筹”条引司马彪《九州春秋》曰“灵帝卖官，廷尉崔烈入钱五百万以买司徒。烈子均，字孔平，亦有时名，烈问曰：‘吾作公，天下人谓何如？’对曰：‘大人少有高名，不谓不当为公。今登其位，海内嫌其铜臭。’烈举杖击之，均走”。

杨万里《舟过青羊望横山塔》（其二）

这首诗不是写新酒的，而是用它作比喻，谓兰溪水清犹如新酒，学习李白“遥看汉水鸭头绿，恰似葡萄初酦醅”之句。

孤塔分明是故人，一回一见一情亲。朝来走上山头望，报道①兰溪酒恰新。（《诚斋集》卷二六）

【注释】

①报道：报告、告知。唐代李涉《山居送僧》中有“若逢城邑人相问，报道花时也不闻”。

酒器

今人无论是席间共饮，还是悠然独酌，对于酒器已多半不太重视，亦很少专门进行论述和表现。宋代王与之《周礼订义》卷七十七引郑谔曰："非酒无以为礼，非器无以饮酒，饮酒之器大小有度。"所以上自王公贵族，下至普通百姓，都有使用酒器的记载，酒器经过加工和润色之后，成为了中国酒文化中不可或缺的一环。《周南·卷耳》中所载的"我姑酌彼金罍"之"金罍"，便是贵族使用的酒器，用青铜铸成，上面刻画有山云的形状，是其身份的象征。而《大雅·行苇》中所载"或献或酢，洗爵奠斝"之"爵""斝"，都是古代贵族使用的酒器，加之尊、壶、觯、觥、觚、卮、卣、彝等等，名目繁多。因为酿酒需要大量的粮食，而古代粮食产量不高，禁酒令几乎在历朝历代都不鲜见，《尚书·酒诰》是中国第一篇禁酒令。普通人想饮酒，只有等待天下有大喜之事（如皇帝登基、祥瑞出现、立皇后、立皇太子、战事获胜等）才被允许"大酺三日"。因此，"何以解忧，惟有杜康"式的潇洒之举，往往只是贵族的专利，加之祭祀等原因，使得对于酒和酒器的品位往往局限于上层社会。随着种植技术的提高、酿酒技术的发达，加之禁酒令的松弛、文学创作的崛起等因素，我们才得以在诗文而非经文中看到社会下层的酒器书写，但即便如此，仍不多见，因为酒器的书写者往往是处于社会中上层的文士。

尊

“尊”是个会意字，上面的“酋”代表盛酒的坛子，下面的符号代表双手捧酒。因双手捧酒有敬重之意，所以衍生“尊敬”一词。尊也是古代酒器的通称，作为专名是一种盛酒器，敞口，高颈，圈足。尊的上面一般装饰有动物形象。

《礼记·明堂位》:“泰，有虞氏之尊也；山罍，夏后氏之尊也；著，殷之尊也；牺象，周尊也。”

《周礼·春官·司尊彝》:“掌六尊六彝之位，诏其酌，辨其用与其实。……其朝献用两著尊，其馈献用两壶尊，皆有罍，诸臣之所昨[①]也。……其朝践用两大尊，其再献用两山尊，诸臣之所昨也。”

《周礼·秋官·掌客》贾公彦疏“壶酒器也”曰:“《春秋传》曰:‘尊以鲁壶。’皆以壶为酒尊也。”

《说文解字》:“尊,酒器也。从尊,廾以奉之。《周礼》‘六尊’:牺尊、象尊、著尊、壶尊、太尊、山尊,以待祭祀宾客之礼。”又,徐铉注:“今俗以尊作尊卑之尊,酒器之尊别作罇,非是。”

【注释】

①昨:郑玄笺“‘昨’读为‘酢’,字之误也”。

爵

爵的本义是酒器,前有倒酒的“流”,后有尖形的尾部,下有三足,可升火温酒。韩诗说:“爵、觚、觯、角、散,总名曰爵。”可见爵也是古代饮酒器的总称,同时爵也可以代指酒,《易经·中孚》:“我有好爵,吾与尔靡之。”“好爵”就是好酒的意思。爵是天子用来分封或赏赐诸侯的,属于贵重的礼器。因此,爵也可以引申为官爵、爵位。

《大雅·行苇》:“或献或酢[1],洗爵奠斝。”

《小雅·宾之初筵》:“发彼有的,以祈尔爵。”[2]

《左传·庄公二十一年》："郑伯之享王也，王以后之鞶鉴予之。虢公请器，王予之爵。"

《说文解字》："爵，礼器也。象爵之形，中有鬯酒，又持之也。所以饮。器象爵者，取其鸣节节足足也。"

【注释】

①献、酢：郑玄笺"进酒于客曰献，客答之曰酢"。

②的：郑玄笺"质也"。爵：指酒。

觥

觥（gōng），一种盛酒兼饮酒的器皿，形状各异，多做兽、鸟之状，底部有四足、三足，也有圆足、无足的，开口阔大，常被用作罚酒之用。近代出土的有牛形铜觥、折觥、龙纹觥等，王国维《观堂集林》有《说觥》专论此器。

《周南·卷耳》："我姑酌彼兕觥，维以不永伤。"

《豳风·七月》："跻彼公堂，称彼兕觥，万寿无疆。"

《周颂·桑扈》："兕觥其觩[①]，旨酒思柔。"

《说文解字》："觥，俗'觵'从光。"又，《说文解字》："觵，兕牛角，可以饮者也。"

【注释】

①觓（qiú）：角向上弯曲的样子。

附一：孟棨《本事诗》

元稹为御史，奉使东川……有一人后至，频犯语令，连飞十数觥，不胜其困，逃席而去。

卮

卮（zhī），一种圆形盛酒器。《史记·项羽本纪》："项王曰：'赐之卮酒。"又，"则与斗卮酒"。可见卮也有大容量的。《韩非子》所载"奉卮酒"中的"卮"应该也是大容量的，主将"渴而求饮"之时，下属使用小容量的器具侍奉，不太符合生活常理。

《说文解字》："卮，圜器也。一名觛。所以节饮食。象人，卪在其下也。《易》曰：'君子节饮食。'凡卮之属皆从卮。"

《韩非子·饰邪》：荆[①]恭王与晋历公战于鄢陵，荆师败，恭王伤。酣战，而司马子反渴而求饮，其友竖谷阳奉[②]卮酒而进之。子反曰："去之，此酒也。"竖谷阳曰："非也。"子反受而饮之。子反为人嗜酒，甘之，不能绝之于口，醉而卧。恭王欲复战而谋事，使人召子反，子反辞以心疾。恭王驾而往视之，入幄中，闻酒臭而还，曰："今日之战，寡人目亲伤。所恃者司马，司马又如此，是亡荆国之社稷而不恤吾众也，寡人无与复战矣。"罢师而去之，斩子反以为大戮。(《韩非子·饰邪第十九》)

【注释】

①荆：楚。

②奉：恭敬地捧着。

金樽玉碗

金樽玉碗因李白"金樽清酒斗十千"和"玉碗盛来琥珀光"而出名。李白笔下的酒和食物（或称下酒菜）大多是装在精美的器皿中的。"金樽清酒"之下，便是"玉盘珍羞"；"兰陵美酒"也必是盛在玉碗之中，才不算暴殄天物。就连夜宿普通人家而进餐时，也可以写出"跪进雕胡饭，月光明素盘"(《宿五松山下荀媪家》)的诗句。李庆孙曾作《富贵曲》："轴装曲谱金书字，树记花名玉篆牌。"晏殊看后不屑一顾地讽刺道："太乞儿相！若谙富贵者，不尔道也。"李庆孙将"金""玉"嵌入诗内，类似于暴发户式的炫富，这才导致晏殊的鄙薄，但李白诗中屡次提到金樽、玉杯，却并没有让读者产生这种感觉，其根本原因还是在于李白天性潇洒，淡泊名利。正是因为有了“安能摧眉折腰事权贵，使我不得开心颜”的人生宣言，才使得其诗歌超凡脱俗，从而获得了读者的信任与赞赏。

李白《客中作》

兰陵[①]美酒郁金香[②]，玉碗盛来琥珀[③]光。但使主人能醉客，不知何处是他乡。

【注释】

①兰陵：古地名，唐代时属于沂州承县。

②郁金香：一种香草，以之浸酒，香味浓烈。杨孚《南州异物志》云“郁金出罽宾，国人种之，先以供佛，数日萎，然后取之。色正黄，与芙蓉花裹嫩莲者相似，可以香酒”。

③琥珀：松柏的树脂形成的化石，呈淡黄色或赤褐色，这里形容酒的颜色。

李白《行路难三首》（其一）

金樽清酒[①]斗十千，玉盘珍羞直万钱。停杯投箸不能食，拔剑四顾心茫然。欲渡黄河冰塞川，将登太行雪满山。闲来垂钓碧溪上[②]，忽复乘舟梦日边[③]。行路难，行路难！多歧路，今安在？长风破浪会有时，直挂云帆济沧海。

【注释】

①清酒：清而醇的酒。《周礼·天官》载“辨三酒之物，一曰事酒，二曰昔酒，三曰清酒”。郑玄注“今中山冬酿，接夏而成”。

②垂钓碧溪上：相传姜太公吕尚曾在渭水的磻溪垂钓，后来被周文王姬昌发现，并任以国事，最后帮助周朝灭掉了商朝。事迹见《史记·齐太公世家》。

③乘舟梦日边：相传伊尹自己乘船从日月的旁边经过，后来被商汤发现并任用，最后帮助商朝灭掉了夏朝。事迹见《竹书纪年》卷上。

老瓦盆

除了名贵的金樽玉碗之外，还有一些很普通，甚至是朴拙无华的酒器，比如古诗词中经常出现的“老瓦盆”，其出现的频率并不亚于前者。究其原因，可能是因为它容易体现出人们交往中淳真、诚朴的一面。杜甫《乐游园歌》写其参加了“公子华筵”，但作者在宴会之后反而是“独立苍茫自咏诗”，这种推杯换盏并没有给诗人带来真率和欢乐的体验，反而是在成都时写下的“叫妇开大瓶，盆中为吾取”（《遭田父泥饮美严中丞》）的描写更为生动，更为感人。

杜甫《少年行》（其一）

莫笑田家老瓦盆，自从盛酒长儿孙[①]。倾银注瓦惊人眼，共醉终同卧竹根。

【注释】

①长儿孙：谓老瓦盆见证子孙之成长。

杨万里《中途小歇》

山僮问游何许村，莫问何许但出门。脚根倦时且小歇，山色佳处须细看。道逢田父遮侬住，说与前头看山去。寄下君家老瓦盆，他日重游却来取。

石樽

老瓦盆相较于其他酒器已经算是简朴的了，但毕竟还是人为制造的，没有完全达到天然，而“石樽”则是用低凹的石头盛酒，天人合一。“环饮之”的做法则完全摒弃了“巡”“爵”等限制，颇有魏晋名士气。石樽可谓众多饮器中最简朴而又最高雅的代表，唐代李适之、颜真卿、元结在这方面都有记载。

石樽，在乌程县岘山。唐开元中，李适之为湖州别驾，每视事之余，携所亲登山恣饮，望帝乡，时有一醉。后适之为相，土人因呼为“李相石樽”。大历中，刺史颜真卿及门生弟侄，多携壶，檥楫以浮，乃作“故李相石樽”。宴集联句诗序云：“因积留潈石，嵌为樽形。公注酒其中，结宇，环饮之。”首句云：“李公登饮处，因石为窪樽。”见吴兴诗序。（宋·谈钥《嘉泰吴兴志》卷一八“石樽”条）

附一：元结《窊尊诗》（在道州）

巉巉小山石，数峰对窊亭。窊石堪为樽，状类不可名。巡回数尺间，如见小蓬瀛。尊中酒初涨，始有岛屿生。岂无日观峰，直下临沧溟。爱之不觉醉，醉卧还自醒。醒醉在尊畔，始为吾性情。若以形胜论，坐隅临郡城。平湖近阶砌，近山复青青。异木几十株，林条冒檐楹。盘根满石上，皆作龙蛇形。酒堂贮酿器，户牖皆罂瓶。此尊可常满，谁是陶渊明。

碧筩杯

与“石樽”相类似，“碧筩杯”也接近于纯天然。“筩”指荷叶，是将荷叶与柄的连接处刺穿，用荷叶盛酒，吸取之。这种行为略显怪诞，有不拘礼教的名士气，因此也获得了文人的青睐。在诗词发展中，逐渐由实事转变为象征。同时酒器之中便也产生了各种材质的碧筩杯，究其原因，还是对萧散疏放的名士气的推崇。苏轼《泛舟城南会者五人分韵赋诗》(其三)“碧筩时作象鼻弯，白酒微带荷心苦”，所写场地为城南泛舟，当是对碧筩杯的忠实记录。明代高明的《琵琶记·琴诉荷池》曰：“金缕唱，碧筩劝，向冰山雪巘排佳宴。”所写场地为尊贵的牛丞相府邸，碧筩杯便不再是由荷叶而制成的原生态，它具有的只是象征意义。

历城北有使君林，魏正使中，郑公悫三伏之际，每率宾僚避暑于此。取大莲叶置砚格上，盛酒二升，以簪刺叶，令与柄通，屈茎上轮菌[①]如象鼻，传噏[②]之，名为碧筩杯。历下学之，言酒味杂莲气，香冷胜于水。(《酉阳杂俎》卷七《酒食》)

【注释】

①轮菌：荷叶下长有硬刺的秆状物。

②噏：通“吸”。

酒旗

从理论上讲，酒旗在酒产生之后应该就会出现，而古代对于酒旗的记载也确实比较早。《韩非子·外储说右上》载："宋人有酤酒者，升概甚平，遇客甚谨，为酒甚美，悬帜甚高。""悬帜"就是挂起酒旗。《韩诗外传》卷七记了相似的故事："人有市酒而甚美者，置表甚长。"其中的"表"也类似于酒旗，有广而告之的作用。有时"酒旗"也并非要飘起来，在《水浒传》"林教头风雪山神庙"这一回中："林冲住脚看时，见篱笆中挑着一个草帚儿在露天里。"林冲便知道此家有酒售卖，此时扫帚也充当了酒旗的身份。唐诗提及酒旗的虽然不是很多，但也有一些，比如杜牧《江南春》"水村山郭酒旗风"，韦应物《酒肆行》"银题彩帜邀上客"等，皮日休、陆龟蒙唱和诗《酒中十咏·酒旗》也属上乘之作。到了宋代，专门题咏酒旗、酒帘的诗作与宋诗数量相比，显得并不突出，倒是《清明上河图》中的酒店，在酒旗上标有"新酒""小酒"的字样，别有一番趣味。关于酒旗的文学书写，一直要到明清时才算受到重视，尤其是“酒帘”进入赋的创作中，其诗意空间才被深挖和放大。

陆龟蒙《酒旗》

陆龟蒙（？—约881），字鲁望，苏州人，自号天随子、甫里先生、江湖散人。有《甫里先生文集》《笠泽丛书》等。此诗写身临酒店而因王事在身未能饮酒的遗憾。有此遗憾，诗人便将酒旗详细描摹下来，“风欹”“雨淡”二句，状物如在目前。陆龟蒙的其他诗作中也多次提到酒旗，比如“闲吟多在酒旗前”“酒旗风影落春流”“酒旗犹可战高楼”，等等。

摇摇倚青岸，远荡游人思。风欹翠竹杠，雨淡香醪字。才来隔烟见，已觉临江迟。大旆[1]非不荣，其如有王事。（《甫里集》卷五）

【注释】

①大旆：原指军前大旗，此指因王事出行而悬挂的旗帜。《左传·僖公二十八年》：“城濮之战，晋中军风于泽，亡大旆之左旃。”

皮日休《酒旗》

皮日休（约838—约883），字袭美，号鹿门子，复州竟陵（今湖北省天门市）人，有《皮子文薮》等。此诗“拂拂”“翻翻”两句专写风中之酒旗，轻盈潇洒，一如饮者。

青帜阔数尺，悬于往来道。多为风所飏，时见酒名号。拂拂野桥幽，翻翻江市好。双眸复何事，终竟望君[1]老。（《松陵集》卷四）

【注释】

①君：指酒旗。

郭祥正《酒帘》

郭祥正（1035—1113），字功父，安徽当涂人，与苏轼等人有交往，诗风奔放飘逸，人称“小李白”，有《青山集》。此诗的首句写风吹动酒帘，末句写“客心摇旌”，贴合巧妙。

百尺风外帘，常时悬高阁。苦夸酒味美，聊劝行人酌。但浇愁肠宽，奚畏守犬恶。客心方摇旌[1]，逢此慰寂寞。（《青山集·续集》卷二）

【注释】

①摇旌：《战国策·楚策一》载“寡人自料：以楚当秦，未见胜焉；内与群臣谋，不足恃也。寡人卧不安席，食不甘味，心摇摇如悬旌，而无所终薄”。

酒帘

这是一则古代营销案例。文人潇洒而又爱名，孰知正是因为如此，才会被人利用，这一点也是需要警醒的。

王逵以祠部员外郎知福州，尚气自矜。福唐有当垆老媪，常酿美酒，士人多饮其家，有举子谓曰："吾能与媪致十数千，媪信乎？"媪曰："倘能之，敢不奉教。"因俾媪市布为一酒帘，题其上曰："下临广陌三条阔，斜倚危楼百尺高。"又曰："太守若出，呵道者必令媪卸酒帘，但佯若不闻，俟太守行马至帘下，即出卸之。如见责，稽缓即推以事故，谢罪而已。必问酒帘上诗句何人题写，但云，某尝闻饮酒者好诵此二句，言是酒望子[①]诗。"媪遂托善书者题于酒旗上，自此酒售数倍，王果大喜，呼媪至府，与钱五千，酒一斛，曰："赐汝作酒本[②]。"诗乃王咏酒旗诗也，平生最为得意者。（江少虞辑《皇朝事实类苑》卷三八）

【注释】

①酒望子：即酒旗。

②酒本：卖酒的本钱。

李调元《和详观察酒帘韵》(并序)

李调元(1734—1802),字羹堂,号雨村,四川省德阳市人。一生著述颇丰,有《赋话》等理论著作。此诗咏物亦用“赋法”,不即不离,恰到好处。

观察霸昌详鼐以旧作酒帘诗见示,有“送客船停枫叶岸,寻春人指杏花楼”之句,清隽可喜,依韵和之。

谁家村店酒新篘,尺布斜悬豁远眸。惯曳微风飘小巷,每经细雨挂高楼。愁城得尔真能破,诗癖[1]逢君醉未瘳。最是销魂人醉处,隔山回望尚墙头。(《童山集·诗集》卷二三)

【注释】

①诗癖:《梁书》卷四《简文帝纪》载“雅好题诗,其序云:‘余七岁有诗癖,长而不倦。’”

下酒菜

酒名有很多，而下酒菜更多。因为酒是中心，是最重要的，下酒物自然要摆到其次的位置。古人的下酒菜有很多和今天是相同的，比如藕、鱼、蟹等，但今天常见的下酒菜，如花生米、以辣椒为主要作料的凉菜等，在明代以前是见不到的，古代的饮者恐怕是有些遗憾了。不过话又说回来，古人的下酒菜也有我们今天见不到或不能享用的，如牛尾狸。在梅尧臣、苏轼、李纲、杨万里的诗中牛尾狸都有出现，但它属于野生动物，今天是绝对不能用来下酒的。此外，麻雀也已列入国家二类保护动物，但是在宋代“黄雀”是非常流行的馈赠品，它的食用场景就是用来下酒的。在众多的下酒菜中，有些以质朴回甘而见长，如莲藕、芋栗；有些以乡味记忆而载入诗册，比如黄雀鲊、鸭蛋；还有一些就较为奇特了，苏舜钦以《汉书》下酒，可谓豪放至极，实为前人少有。下酒菜成千上万，不胜枚举，本文也只是就一时性情，略为举例而已，挂一漏万是不可避免的。

明·杜堇 《古贤诗意图卷》(局部)

李白一斗詩百篇長安市上酒家眠天子呼來不上船自稱臣是酒中仙

旧传元・任仁发 《饮中八仙图卷》(局部)

明·杜堇 《古贤诗意图卷》(局部)

藕梨

竹陵春酒绝清严，解割诗肠快似镰。雪藕逢暄偏觉爽，鹅梨欲烂不胜[①]甜。（杨万里《舟中晚酌》其一）

【注释】

①不胜：不尽，极其。

芋栗

榾柮[①]无烟雪夜长，地炉煨酒暖如汤[②]。莫嗔老妇无盘饤，笑指灰中芋栗香。（范成大《冬日田园杂兴》其八）

【注释】

①榾柮（gǔ duò）：树根，树疙瘩。质地坚硬，耐焚烧，故配以“雪夜长”之语。

②汤：开水。

蟹

螃蟹的美味，几乎无人能够抗拒。古人或著专书，如《蟹谱》《蟹略》，以示钟爱于此；或作长诗，如《食蟹三十韵》，说明蟹之美味。在《红楼梦》的宴席上，螃蟹扮演了重要的角色。从毕卓“持蟹螯”的典故开始，文人食蟹除了美味之外，还包括对名士风流的效仿和致敬。

毕茂世云：“一手持蟹螯，一手持酒杯，拍浮酒池中，便足了一生。”（《世说新语·任诞》）

风恶舟难进，聊依浦里村。岸潮生蓼节，滩浪聚芦根。日脚看看雨，江心渐渐昏。篙师知蟹窟，取以助清樽。（梅尧臣《褐山矶上港中泊》）

《本草图经》曰：“今南方人捕蟹差早。苏栾城诗曰：‘白鱼紫蟹早霜前，有酒何须问圣贤。’张耒诗：‘早蟹肥堪荐，村醪浊可斟。’”（高似孙《蟹略》卷二“早蟹”条）

鲈鱼

鲈鱼美味，世人皆知。晋代张翰因为思念故乡的莼菜鲈鱼，毅然辞官，后亦因此远离祸患，世人遂以“知机”许之，多有赞颂。白居易诗云：“秋风一箸鲈鱼鲙，张翰摇头唤不回。”苏轼诗云：“不须更说知机早，直为鲈鱼也自贤。”《三国志演义》卷一四“魏王宫左慈掷杯”中曹操刁难左慈，在酒席即将开始时向其索取鲈鱼；范仲淹“江上往来人，但爱鲈鱼美”等，都说明了鲈鱼的美味和珍贵。

江中绿雾起凉波，天上叠巘红嵯峨。水风浦云生老竹，渚暝蒲帆如一幅。鲈鱼千头酒百斛，酒中倒卧南山绿。吴歈[1]越吟未终曲，江上团团帖寒玉。（李贺《江南弄》）

枇杷已熟粲金珠，桑落初尝滟玉蛆[2]。暂借垂莲十分盏，一浇空腹五车书。青浮卵碗槐芽饼，红点冰盘藿叶鱼。醉饱高眠真事业，此生有味在三余[3]。（苏轼《二月十九日携白酒鲈鱼过詹使君食槐叶冷淘》）

两年三度过垂虹，每过垂虹每雪中。要与鲈鱼偿旧债，不应张翰独秋风。买来一尾那嫌少，尚有杯羹慰老穷。只是莼丝无觅处，仰天大笑笑天公。（杨万里《鲈鱼》）

冷落秋风把酒杯，半酣直欲挽春回。今年菰菜尝新晚，正与鲈鱼一并来。（陆游《秋晚杂兴》其四）

【注释】

①吴歈：吴地民歌。李白《过汪氏别业二首》（其二）云“永夜达五更，吴歈送琼杯”。

②滟玉蛆：指酒。

③三余：谓读书勤奋。《三国志·魏志·王朗传》裴松之注

引《魏略》载“或问‘三余’之意。（董）遇言：‘冬者岁之余，夜者日之余，阴雨者时之余也。’”

黄雀

苏轼说“披绵黄雀漫多脂”，虽是否定的口吻，但多脂的黄雀何尝不是上等的下酒物？这种黄雀脂肪极为鲜嫩细腻，杨万里用“入口销”形容其美味，又有多少老饕能够拒绝呢？

黄雀初肥入口销，玉醅新熟得春饶。主人更恐香无味，沉水龙涎作伴烧。（杨万里《廷弼弟座上绝句》）

万金家书寄中庭，牍背仍题双掩并。不知千里寄底物，白泥红印三十瓶。瓷瓶浅染茱萸紫，心知亲宾寄乡味。印泥未开出馋水，印泥一开香扑鼻。江西山间黄羽衣，纯绵被体白如脂。偶然一念堕世网，身插两翼那能飞。误蒙诸公相殂豆，月里花边一杯酒。先生与渠[1]元不疏，两年眼底不见渠。端能访我荆溪曲，愿借前筹酌酃渌。（杨万里《谢亲戚寄黄雀》）

牛狸送我止严陵，黄雀随人或帝城[2]。海错未来乡味尽，一杯今夕笑先生。（杨万里《夜泊钓台小酌》）

【注释】

①渠：它，指黄雀。

②“牛狸”句：谓牛尾狸数量较少（或保存时间较短），很快就吃完了，只能陪伴诗人到达严子陵钓滩，而黄雀鲊可以陪伴诗人直至京师。

牛尾狸

牛尾狸体形较大，不像黄雀那样只能打打牙祭。查慎行注苏诗《送牛尾狸与徐使君》引《本草》曰：“南方有白面而尾似牛者，名牛尾狸，亦曰白面狸。专上树食百果，冬月极肥，人多糟食之，大为珍品。”

风卷飞花自入帷，一樽遥想破愁眉。泥深厌听鸡头鹘[1]，酒浅欣尝牛尾狸。通印子鱼[2]犹带骨，披绵黄雀漫多脂。殷勤送去烦纤手，为我磨刀削玉肌。（苏轼《送牛尾狸与徐使君》）

【注释】

①鸡头鹘：查慎行注引《本草》云“竹鸡，一名山菌子。蜀人呼鸡头鹘，南人呼泥滑滑”。

②子鱼：查慎行注引庄绰《鸡肋编》载“莆田县通应江水，盐淡得中，子鱼生其间，味极美，以子名者，谓子多为贵也，不知者乃谓子鱼。大可容印者为佳。”

鸭蛋

山店茅柴强一杯，梨酸藕苦眼慵开。深红元子轻红鲊，难得江西乡味来（江西以木叶汁渍鸭子，皆深红，曰元子）。（杨万里《野店二绝句》其二）

中编：人事

射覆

射覆类似于猜谜游戏，但谜底一般为覆盖起来的实物。历史上与射覆有关的最著名的两个典故，一是东方朔，一是李商隐。但是随着娱乐方式的发展，射覆逐渐退出应用场景，仅仅以典故的方式在诗文或考证中留存。以“射覆”二字为检索对象，即便是在《全唐诗》中，存录的条目也已经非常少了。

上尝使诸数家[①]射覆[②]，置守宫[③]盂下，射之，皆不能中。朔自赞曰：“臣尝受《易》，请射之。”乃别蓍布卦而对曰：“臣以为龙又无角，谓之为蛇又有足，跂跂脉脉善缘壁，是非守宫即蜥蜴。”上曰：“善。”赐帛十匹。复使射他物，连中，辄赐帛。时，有幸倡郭舍人，滑稽不穷，常侍左右，曰：“朔狂，幸中耳，非至数也。臣愿令朔复射，朔中之，臣榜百，不能中，臣赐帛。”乃覆树上寄生，令朔射之。朔曰：“是窭数也[④]。”舍人曰：“果知朔不能中也。”朔曰：“生肉为脍，干肉为脯；著树为寄生，盆下为窭数。”上令倡监榜舍人，舍人不胜痛，呼謈[⑤]。朔笑之曰：“咄！口无毛，声謷謷，尻益高[⑥]。”舍人恚曰：“朔擅诋欺天子从官，当弃市。”上问朔：“何故诋之？”对曰：“臣非敢诋之，乃与为隐耳。”上曰：“隐云何？”朔曰：“夫口无毛者，狗窦也；声謷謷者，鸟哺鷇[7]也；尻益高者，鹤俯啄也。”舍人不服，因曰：“臣愿复问朔隐语，不知，亦当榜。”即妄为谐语曰：“令壶龃，老柏涂，伊优亚，狋吽[8]牙。何谓也？”朔曰：“令者，命也。壶者，所以盛也。龃者，齿不正也。老者，人所敬也。柏者，鬼之廷也。涂者，渐洳径也。伊优亚者，辞未定也。狋吽牙者，两犬争也。”舍人所问，朔应声辄对，变诈锋出，莫能穷者，左右大惊。（《汉书》卷六五《东方朔传》）

【注释】

①数家：颜师古注“数术之家也”。

②射覆：颜师古注“于覆器之下而置诸物，令暗射之，故云射覆”。

③守宫：壁虎。

④寠数（lóu sǒu）：颜师古注“寠数，戴器也，以盆盛物，戴于头者，则以寠数荐之，今卖白团饼人所用者是也。寄生，寓木宛童有枝叶者也，故朔云‘著树为寄生，盆下为寠数’。明其常在盆下，今读书者不晓其意，谓射覆之物覆在盆下，辄改前‘覆守宫盂下’为‘盆’字，失之远矣”。

⑤謈（bó）：因痛苦而喊叫。

⑥謷謷（áo áo）：愁苦之声。尻（kāo）：臀部。

⑦鷇（kòu）：需要母鸟喂养的小鸟。

⑧狋吘（yí ōu）：两犬急斗时的怒叫。

附一：《全唐诗》卷八八○所载“射覆”三首

圆似珠，色如丹。傥能擘破同分吃，争不惭愧洞庭山。（佚名《又射覆橘子》）

近来好裹束，各自竞尖新。秤无三五两，因何号一斤。（佚名《射覆巾子》）

此物不难知，一雄兼一雌。谁将打破看，方明混沌时。（佚名《射覆二鸡子》）

附二：诗文摘句

隔座送钩春酒暖，分曹射覆蜡灯红。〔李商隐《无题二首》（其一）〕

浪子烧灯齐射覆，美人越席与藏钩。（袁宏道《即事》）

争及文人分射覆，一场鏖战绿沉瓜。〔袁枚《消夏诗十二首书扇寄何孝廉》（其六）〕

酒令

酒令的设置起初是为了避免酗酒，维护宴饮的秩序，所谓“既立之监，或佐之史”（《小雅·宾之初筵》），至汉代，有朱虚侯以军法行酒（《史记·齐悼惠王世家》）。魏晋时的“曲水流觞”也可以看作是酒令的一种外延。至唐代，酒令更多地是为了助兴而设置的小游戏。对文人来讲，自然要文雅一些才好。白居易《就花枝》曰：“醉翻衫袖抛小令，笑掷骰盘呼大采。”其中的“小令”就是酒令。《与梦得沽酒闲饮且约后期》“闲征雅令穷经史，醉听清吟胜管弦”也是对酒令的记载。李商隐《无题》“隔座送钩春酒暖，分曹射覆蜡灯红”则是更为人们熟知的唐代酒令。但这些酒令的细节今天多已不太清楚，现从诸书中摘录与酒令内容相关的文字与读者分享。从流传下来的酒令来看，以文字或音韵游戏居多，有些在本质上是对联、对偶句的一种延伸。

《苕溪渔隐丛话》

《蔡宽夫诗话》云："唐人饮酒，必为令以佐欢，其变不一，乐天所谓'闲征雅令穷经史'，韩退之'令征前事为'者，今犹有其遗习也。尝有人举令云：'马援以马革裹，死而后已。'答者乃云：'李耳指李树为姓，生而知之。'又：'锄麑触槐，死作木边之鬼'，答者以'豫让吞炭，终为山下之灰'，皆可谓精的也。复有举经句字相属而文重者，曰：'火炎昆冈，乃有土圭。'测影酬之，此亦不可多得也。"（《苕溪渔隐丛话·前集》卷二一）

《酒谱》

窦苹，字之野，生卒年不详，北宋时人。所著《酒谱》一卷收录于《四库全书》，所载"酒令"条与《酒概》所载基本相同，但多出两条，现录如下：

酒令云："孟尝门下三千客，《大有》《同人》。湟水渡头十万羊，《未济》《小畜》。"又云："锄麑触槐，死作木边之鬼。豫让吞炭，终为山下之灰。"又云："夏禹见雨下，使李牧送木履与萧何，萧何道何消。田单定垦田，使贡禹送《禹贡》与李德，李德云得履。"又云："寺里喂牛僧茹草，观中煮菜道供柴。"又曰："山上采黄芩，下山逢着老翁吟。老翁吟云：'白头搔更短，浑欲不胜簪。’上山采交藤，下山逢着醉胡僧。醉胡僧云：‘何年饮着声闻酒，直到而今醉不醒。’山上采乌头，下山逢着少年游。少年游云：‘霞鞍金口骝，豹袖紫貂裘。’”又云：“碾茶曹子建，开匣木悬虚。”（《酒谱·酒令》）

宴饮

饮酒的场合不同，自然会有不同的道理和感受。“酒逢知己千杯少”，所言则为宴饮；曾国藩劝世人“忧时勿纵酒”，所言盖为独酌。宴饮之时觥筹交错，高谈阔论，自然应该是欢快的，所谓“今日良宴会，欢乐难具陈”，但乐极生悲是人类的普遍情感体验，在“极宴娱心意”之后，终极感受却是“戚戚何所迫”式的忧虑和不安。宴饮之时，酒已经超越了其本身由粮食而发酵的化学属性，与人情世故一起酿造出世间百味，从而体现其社会属性。《仪礼·乡饮酒礼》详细记载了周代流行的宴饮风俗，对宾主的举止、言行都有详细的规定，说是繁文缛节或许也并不过分。在古时的乡土中国，乡大夫设宴，聚集乡贤，举行仪式，从本质上看属于乡村自治的一种表现。但并非所有的宴饮都要如此讲究细节，一觞一咏，畅叙幽情才是中国文学表现的主体。古人对宴饮场面的记录，以及宴饮时的内心感受，都能给人带来审美的愉悦。《小雅·鹿鸣》《小雅·宾之初筵》《古诗十九首·今日良宴会》等都是记载古代宴饮的名篇。

《小雅·伐木》

亲友，是儒家情感与价值由内向外延伸的重要方向，也是宴饮的主体。周朝的礼制反映在《诗经》中，很多内容也是在谈亲人和友人。此诗的首章以“鸟鸣嘤嘤”起兴，很快便进入到“酾酒”的阶段，并在第二章两次提到下酒菜“肥羜”与“肥牡”。可见即便是贵族以礼节相尚，酒与肉这一类的人间烟火也是呼朋唤友的方式之一。

伐木丁丁，鸟鸣嘤嘤。出自幽谷，迁于乔木。嘤其鸣矣，求其友声。相彼鸟矣，犹求友声。矧①伊人矣，不求友生？神之听之②，终和且平。

伐木许许，酾酒有藇③。既有肥羜④，以速⑤诸父。宁适不来，微我弗顾。於⑥粲洒扫，陈馈八簋⑦。既有肥牡，以速诸舅。宁适不来，微我有咎。

伐木于阪，酾酒有衍⑧。笾豆有践⑨，兄弟无远。民之失德，乾餱以愆⑩。有酒湑⑪我，无酒酤我。坎坎⑫鼓我，蹲蹲⑬舞我。迨我暇矣，饮此湑矣。

【注释】

①矧（shěn）：何况。

②神之听之：郑笺“此言心诚求之，神若听之，使得如志”。此句又见《小雅·小明》篇。

③有萸（xù）：即“萸萸”，指酒清澈透明的样子。

④羜（zhù）：小羊羔。

⑤速：邀请。

⑥於（wū）：语辞，表感叹。

⑦馈（kuì）：食物。簋（guǐ）：古代盛放食物所用的圆形器皿。

⑧有衍：即“衍衍”，指酒满溢的样子。

⑨笾（biān）豆：即笾、豆，盛放食物的两种器皿。笾，竹器。豆，多为陶制，也有用青铜或木竹制成的。践，陈列。

⑩乾餱（hóu）：干粮。愆（qiān）：错误，过失。句谓以干粮待客而招致过错，言招待之不周也。

⑪湑（xǔ）：滤酒。

⑫坎坎：击鼓声。《陈风·宛丘》云“坎其击鼓，宛丘之下”。

⑬蹲蹲：舞蹈的样子。

留髡送客

淳于髡的本意是劝诫齐威王，否定“长夜之饮”，但却用了大量的笔墨来写饮酒之乐。淳于髡意在说明饮酒之量随着场合氛围变化，越是热烈活泼酒量就越大，反之越小。在突破了“大王之前”“亲有严客”的礼制束缚，进至“州闾之会”“留髡而送客”的从容、放纵之时，欢乐并非是永久的，“酒极则乱，乐极则悲”八字道出了长夜之饮的弊端。在写法上，这一段可以看作是汉大赋“劝百讽一”“曲终奏雅”的先声。

威王大悦，置酒后宫，召髡赐之酒。问曰：“先生能饮几何而醉？”对曰：“臣饮一斗亦醉，一石亦醉。”威王曰：“先生饮一斗而醉，恶能饮一石哉！其说可得闻乎？”髡曰：“赐酒大王之前，执法在傍，御史在后，髡恐惧俯伏而饮，不过一斗径醉矣。若亲有严客，髡帣韝鞠跽[①]，侍酒于前，时赐余沥，奉觞上寿，数起，饮不过二斗径醉矣。若朋友交游，久不相见，卒然相睹，欢然道故，私情相语，饮可五六斗径醉矣。若乃州闾之会，男女杂坐，行酒稽留，六博[②]投壶，相引为曹，握手无罚，目眙[③]不禁，前有堕珥，后有遗簪，髡窃乐此，饮可八斗而醉二参[④]。日暮酒阑，合尊促坐，男女同席，履舄交错，杯盘狼藉，堂上烛灭，主人留髡而送客。罗襦襟解，微闻芗泽[⑤]，当此之时，髡心最欢，能饮一石。故曰酒极则乱，乐极则悲，万事尽然。”言不可极，极之而衰，以讽谏焉。齐王曰：“善。”乃罢长夜之饮，以髡为诸侯主客。宗室置酒，髡尝在侧。（《史记》卷一二六《滑稽列传》）

【注释】

①帣韝（juǎn gōu）鞠跽：帣韝，卷起衣袖并加臂套。帣，

卷起袖口。韝，徐广《集解》曰："臂捍也。"鞠，曲也。跽，小跪。

②六博：也称"陆博"，古时一种掷采行棋的游戏，因使用六根博箸，故名。现出土东汉时期的六博陶俑，藏于河南博物馆。

③目眙：目光直视。眙，徐广《集解》："直视貌。"

④二参：即二三，谓十分之醉仅有二三也。

⑤芗泽：香气。芗，同"香"。

高祖还乡

和项羽衣锦还乡的心愿相同，刘邦也选择了荣归故里。在回乡的酒宴上，刘邦感慨万千，此时的他已"威加海内"，但能征善战如彭越、韩信之辈已被诛杀殆尽，所以才有"安得猛士兮守四方"的感叹。刘邦能够"泣数行下"，固然是因为世事"伤怀"，但"纵酒""酒酣"也是重要因素。

高祖还归，过沛，留。置酒沛宫，悉召故人父老子弟纵酒，发沛中儿，得百二十人，教之歌。酒酣，高祖击筑，自为歌诗曰："大风起兮云飞扬，威加海内兮归故乡，安得猛士兮守四方！"令儿皆和习之。高祖乃起舞，慷慨伤怀，泣数行下。(《史记》卷八《高祖本纪》)

拔辖投井

陈遵为了尽兴饮酒，将客人关在门内，并取下车辖，这种近乎霸道的举动其实也主动消除了那些本想宴饮而又不免推辞的话语：错在主人而已，客人辄能一醉方休，且不必承担包括心理在内的种种责任。陈遵是了解世人，尤其是酒徒心理的，部刺史不过是个例外罢了。

（陈）遵耆酒，每大饮，宾客满堂，辄关门，取客车辖①投井中，虽有急，终不得去。尝有部刺史②奏事，过遵，值其方饮，刺史大穷。候遵霑醉时，突入见遵母，叩头自白当对尚书有期会状，母乃令从后阁出去。（《汉书》卷九二《游侠传》）

【注释】

①车辖：车轴两端的铁键，即销钉，起固定作用。

②部刺史：一般指刺史，亦称牧。《汉书·百官功卿表》载“武帝元封五年初置部刺史，掌奉诏条察州，秩六百石，员十三人”。

独酌

与宴饮不同，独酌不属于社交行为，大可免去世俗的饮酒之礼，仓皇举杯和悠然独酌完全是两种饮酒方式。士人独酌之时，往往会有深沉的内在思考，因为此时饮者有充足的时间可供支配，也不会有人打搅。独酌时的状态千差万别：有些时候，独酌是忧郁苦闷的，本来希望“与尔同销万古愁”，但结果却是“举杯消愁愁更愁”；有些时候，独酌是悠然自适的，杜甫《独酌成诗》：“灯花何太喜，酒绿正相亲。醉里从为客，诗成觉有神。”何、正二字，颇能反映诗人的自鸣得意。有时我们盼望对饮、宴饮，“花间一壶酒，独酌无相亲”不免些许落寞；有时我们又希望“独与天地精神往来”，来一场“连雨独饮”。独酌之时，人们释放了自己，也认识了自己，它是独处的一种方式，甚至可以是一种诗意的方式。

犀首

犀首所言“无事”二字，便是后人经常提及的“无事饮”之典。韩愈“何人有酒身无事”，苏轼“欲饮三堂无事酒”，陈与义“却把江头无事酒”，陆游“军中无事酒如川”，等等，所用皆为此典。无事之酒，方得从容兴尽，然此际会甚为难得。惟其难得，所以珍贵。

（陈轸）居秦期年，秦惠王终相张仪而陈轸奔楚。楚未之重也，而使陈轸使于秦。过梁，欲见犀首，犀首谢弗见。轸曰：“吾为事来，公不见轸，轸将行，不得待异日。”犀首见之。陈轸曰：“公何好饮也？”犀首曰：“无事也。”（《史记》卷七〇《陈轸传》）

李元忠

李元忠（486—545），是北魏至东魏时期的大臣，少年时即以孝义闻名，一生刀光剑影，戎马生涯。或许是厌倦了这种大起大落的生活，暮年的他抛弃高官厚禄选择了穷处独酌，安度晚年。

（李）元忠曰：“我言作仆射不胜饮酒乐，尔爱仆射时，宜勿饮酒。”每言于执事云：年渐迟暮，乞在闲冗以养余年。乃除骠骑大将军、仪同三司。曾贡文襄王蒲桃一盘，文襄报以百缣，其见赏重如此。孙腾、司马子如尝诣元忠，逢其方坐树下，葛巾拥被，对壶独酌，庭室芜旷，使婢卷两褥以质酒肉。呼妻出，衣不曳地[①]。二公相视，叹息而去。（《北史》卷三三《李元忠列传》）

【注释】

①曳地：衣裙拖在地上。《史记》卷一〇《孝文帝本纪》载“上常衣绨衣，所幸慎夫人，令衣不得曳地，帏帐不得文绣，以示敦朴，为天下先”。

马周

马周（610—648），因为替大臣常何谋划，被征入朝，从此发迹，位至唐代宰相。马周起初在旅店中并没有受到店主人的青睐，但他一样能“悠然独酌”，这当然体现了他内心的自信，颇有“大鹏一日同风起”的气概。唐朝令人迷恋，或许亦在于此。后来，与马周相关的“新丰酒”也成了落魄文人的心理寄托。

舍新丰，逆旅主人不之顾，周命酒一斗八升，悠然独酌，众异之。至长安，舍中郎将常何家。贞观五年，诏百官言得失。何，武人，不涉学，周为条二十余事，皆当世所切。太宗怪，问何。何曰：“此非臣所能，家客马周教臣言之。客，忠孝人也。”

帝即召之。(《新唐书》卷九八《马周传》)

崔遵之

崔遵之独酌之时，与众人不同的是他以弹琴佐酒，显得更有文人气。陶渊明诗曰："清琴横床，浊酒半壶。"他也许是在用这种方式向其偶像致敬。

（遵之）善鼓琴，得其深趣。所僦舍甚湫隘，有小阁，手植竹数本，朝退默坐其上，弹琴独酌，翛然自适。(《宋史》卷二〇〇《崔遵之传》)

陶渊明《连雨独饮》

陶诗多哲理，尤其是涉及生命意义的终极思考，此首亦然。全诗乃一己之独白，从容而下，与那个时代"雕缋满眼"的诗风全不相类，但"质而实绮"的评价绝非虚言，"云鹤"两句何其潇洒！此岂常人所能道出？连绵的阴雨并没有摧残诗人的"奇翼"，它一如往常，轻盈而美丽。

运生会归尽，终古谓之然。世间有松乔，于今定何间？故老赠余酒，乃言饮得仙。试酌百情远，重觞忽忘天。天岂去此

哉，任真无所先。云鹤有奇翼，八表须臾还。自我抱兹独，僶俛[1]四十年。形骸久已化，心在复何言。(《集注靖节集》卷二)

【注释】

①僶俛（mǐn miǎn）：努力、勤奋貌。

沈炯《独酌谣》

沈炯（503—561），字初明，南朝诗人。这首诗出现在诗风绮靡的南朝，属实令人惊喜。作者写“一酌”“再酌”“三酌”“四五酌”的过程，可视作卢仝《走笔谢孟谏议寄新茶》“一碗”至“七碗”的前导。所不同者，卢仝写喝茶，越来越清醒；而沈炯写独酌，在超然兀傲之中同至大道。

独酌谣，独酌谣，独酌独长谣。智者不我顾，愚夫余不要[1]。不愚复不智，谁当余见招。所以成独酌，一酌一倾瓢。生涯本漫漫，神理暂超超。再酌矜许史[2]，三酌傲松乔[3]。频烦四五酌，不觉凌丹霄。倏尔厌五鼎，俄然贱九韶。彭殇无异葬，夷跖[4]可同朝。龙蠖非不屈，鹏鴳本逍遥。寄语号呶侣，无乃太尘嚣。(《文苑英华》卷三三六“酒”类)

【注释】

①不要：不邀请。

②许史：汉宣帝时的外戚许伯（宣帝皇后的父亲）和史高

（宣帝的外家）的合称，后借指权贵。

③松乔：赤松子和王子乔的合称，借指神仙。

④夷跖：伯夷和盗跖。谓无须分辨善恶。

杜甫《独酌》

杜甫并非像李白那样以豪饮著称，但杜甫无疑也是爱酒的。一部杜诗，留下了大量关于饮酒的著名诗篇。《饮中八仙歌》分别刻画了包括李白在内的八位爱酒名士，体现了对大唐盛世表象之下的深层忧患；《赠卫八处士》中“主称会面难，一举累十觞。十觞亦不醉，感子故意长”，将友情寓于酒觞之中，千载之下，感人至深。这篇《独酌》写于作者生活相对安稳的成都，“仰蜂”“行蚁”一联体物入微，对晚唐诗影响甚大。尾联“本无轩冕意，不是傲当时”，正话反说，其实就是“傲当时”，这也体现出杜甫身上的名士气。

步屧深林晚，开樽独酌迟。仰蜂黏落絮，行蚁上枯梨。薄劣惭真隐，幽偏得自怡。本无轩冕意，不是傲当时。（《杜诗详注》卷一〇）

白居易《独酌忆微之》（时对所赠盏）

白居易与元稹（字微之）的友情颇为深厚，至死不渝。后人对此也进行了评价，杨万里《读元白长庆二集诗》曰：“读遍元诗与白诗，一生少傅重微之。再三不晓渠何意，半是交情半是私。”杨万里一生忠正简朴，直而有文，“私”字的评价虽然不够温和，但也道出了二人交往的一方面原因。

独酌花前醉忆君，与君春别又逢春。惆怅银杯来处重，不曾盛酒劝闲人。（《白氏长庆集》卷一四）

苏轼《十月十四日以病在告独酌》

苏轼写饮酒多从心境写起，很有带入感，往往令人身临其境。此番独酌，诗人写内心澄净之乐，末句“仿佛来笙鹤”可谓“飘飘有凌云之气”。苏轼的这份快乐，并非因其天生乐观，而是“风缆欣初泊”的适意，诗人笔下的“初泊”也就是“此心安处”。

翠柏不知秋，空庭失摇落。幽人得嘉荫，露坐方独酌。月华稍澄穆，雾气尤清薄。小儿亦何知，相语翁正乐。铜炉烧柏子，石鼎煮山药。一杯赏月露，万象纷酬酢。此生独何幸，风

缆欣初泊。暂逃颜跖网，行赴松乔约。莫嫌风有待，漫欲戏寥廓。泠然心境空，仿佛来笙鹤。(《苏轼诗集合注》卷三四)

招饮

招饮是畅叙幽怀、增进情感的有效方式。《易经·中孚》曰:“我有好爵,吾与尔靡之。”《小雅·伐木》曰:“伐木许许,酾酒有藇。既有肥羜,以速诸父。”这些都可以看作是招饮的一种,但其难点正在于“招”字,要用什么样的理由才能让对方来饮酒,这需要主人颇费一番心思才行。白居易就是一个善于招客的人,他列出的招饮理由非常丰富:有雪天驱寒的,有饮酒忘忧的,有年华易逝的,有美景相伴的。这些理由中,有些能引起特定的共鸣,有些则是普遍的共鸣。招饮就是要将酒伴的共鸣激发出来,这样才能完成“招”的使命。到了宋代之后,招饮诗的写作重点从“招”字本身转移到了所招之人,以及作者感慨的抒发,招饮成了安慰友人、宣泄自我的一种方式。唐人聚焦的“招”字到了宋代不再聚焦,而是发散性书写,这是诗歌发展的规律,也是宋人胸襟的开拓。

白居易《问刘十九》

白居易此诗家喻户晓，其妙处有二：一是将生活的美好展示出来，天欲雪则令人兴致勃发，寒夜中又可饮酒取暖；二是小诗在色彩搭配上层次丰富，虚实相间，绿、红、白三位一体，温馨自在。

绿蚁新醅酒，红泥小火炉。晚来天欲雪，能饮一杯无？（《白氏长庆集》卷一七）

白居易《东楼招客夜饮》

此诗作于谪居忠州任刺史之时，虽然相较于江州司马已不可同日而语，但毕竟是偏远的外职，诗人心中仍未免失意。诗中“莫”“除”“唯”，都是劝导解释之语，也就是“招”的主体内容，白居易显然是擅长“招客”这一题材的。

莫辞数数①醉东楼，除醉无因破得愁。唯有绿樽红烛下，暂时不似在忠州。（《白氏长庆集》卷一八）

【注释】

①数数：屡次。《汉书·李陵传》载“立政等见陵，未得私语，即目视陵，而数数自循其刀环，握其足，阴谕之，言可还归汉

也”。又，白居易《醉后走笔酬刘五主簿长句之赠》云“张贾弟兄同里巷，乘闲数数来相访”。

白居易《感樱桃花因招饮客》

此诗亦作于谪居忠州时。“花前成老丑”一句，可谓仕途坎坷、年岁不与之双重悲哀兼而有之。既如此，何不乘兴东风，引时花美酒，一醉方休哉？情文相生之下，招饮之意，可得而辞乎？

樱桃昨夜开如雪，鬓发今年白似霜。渐觉花前成老丑，何曾酒后更颠狂。谁能闻此来相劝，共泥[1]春风醉一场。（《白氏长庆集》卷一八）

【注释】

①泥：缠着，软缠。杜甫《冬至》云“年年至日长为客，忽忽穷愁泥杀人”。

白居易《木芙蓉花下招客饮》

此诗的妙处仍然在于将“招”字写活。秋天饮酒自然多有胜理，下酒物大概少不了螃蟹、鲈鱼等，但白诗写的不是下酒物，而是“伴醉物”。下酒物是要被吃掉的，但伴醉物会一直陪伴饮者。诗中用“芙蓉”二字将“水”和“木”连接起来，也是一种妙思。

晚凉思饮两三杯，召得江头酒客来。莫怕秋无伴醉物，水莲花尽木莲开。(《白氏长庆集》卷二〇)

苏轼《次韵致政张朝奉仍招晚饮》

此诗风格便与前文大不相同，初读之下，甚觉无味且难以理解，其实这是出于相同题材避熟求新的需要，同时也展示了宋人“以才学为诗”的特色。此诗分为三段：第一段写张氏退居而身健，疑其学仙也；第二段写自己俗心未除，未能游仙；第三段方写招饮之事，大概之前的内容是张氏来诗所陈，故次韵如此。全文招饮的文字甚少，但是淡淡托出，却有“君子之交淡如水”的感觉。可见，不是所有的招饮都要写得神采飞动。本诗注释采自清代冯应榴《苏诗合注》。

扫白非黄精①，轻身岂胡麻②。怪君仁而寿，未觉生有涯。曾经丹化米③，亲授枣如瓜④。云蒸作雾楷⑤，火灭噀雨巴⑥。自此养铅鼎，无穷走河车⑦。至今许玉斧，犹事萼绿华⑧。(自注：君曾见永州何仙姑得药饵之，人疑其以此寿也，故有丹化米、萼绿华之句，皆女仙事。)我本三生⑨人，畴昔一念差。前生或草圣，习气余惊蛇。儒臞谢赤松，佛缚惭丹霞⑩。时时一篇出，扰扰四座哗。清诗得可惊，信美辞多夸⑪。回车入官府，治具⑫随贫家。萍齑与豆粥，亦可成咄嗟⑬。(《苏轼诗集合注》卷三四)

【注释】

①“扫白”句：扫白，扫除白发。黄精，《博物志》：“天老谓黄帝曰：‘太阳之草名黄精，食之可以长生。’”杜甫《丈人山》：“扫除白发黄精在，君看他时冰雪容。”

②胡麻:《本草》载“胡麻状似狗虱而茎方，久服轻身不老”。以上二句谓张氏延年益寿非借此二物之力。

③丹化米:《神仙传》卷二载“麻姑至蔡经家，时经弟妇新产，求少许米掷之堕地，谓以米祛其秽也。视其米，皆成丹砂”。

④枣如瓜:《史记》卷一二《孝武帝本纪》载“(李)少君言于上曰:‘……臣尝游海上，见安期生，安期生食巨枣，大如瓜。安期生，仙者。通蓬莱中，合则见人，不合则隐。’”

⑤“云蒸”句:《后汉书》卷六六《张楷传》载“(楷)性好道术，能作五里雾”。

⑥“火灭”句:《后汉书》卷八七《栾巴传注》载“巴为尚书，正朝大会，巴独后到，又饮酒西南噀之。有司奏巴不敬，诏问巴，巴顿首谢曰:‘臣本县成都市失火，故因酒为雨以灭火，臣不敢不敬。’即以驿书问成都，成都答言：正旦大失火，食时有雨，从东北来，火乃息，雨皆酒臭”。

⑦河车：伏汞也。白居易《天坛峰下赠杜录事》载“河车九

转宜精炼，火候三年在好看”。

⑧许玉斧、萼绿华：许玉斧，据《真诰》载，许玉斧乃许长史之子许掾也，群仙降其家。又，《真诰》载，萼绿华者，南山女子，颜色绝整，以晋升平三年降羊权家。句似谓张氏退休之时，夫妻犹健全。

⑨三生：佛教语，指前生、今生、来生。白居易《自罢河南已换七尹》云“世说三生如不谬，共疑巢许是前身”。

⑩“儒臞”句：谓已沉湎于儒、佛二家之教而未能如道家赤松子之游仙也。

⑪“清诗”句：谓张氏寄诗于苏轼，苏轼赞其诗为“清诗”，是信美者也，然诗中之辞夸己太多。

⑫治具：备办酒食。《史记》卷一〇七《魏其武安侯列传》载“将军昨日幸许过魏其，魏其夫妻治具，自旦至今，未敢尝食”。

⑬“萍齑”句：谓粗粝之饮食亦可随手而备办也。咄嗟，应声而办，言其易也。苏轼《豆粥》：“萍齑豆粥不传法，咄嗟而办石季伦。”《晋书》卷三三《石崇传》：“崇为客作豆粥，咄嗟便办。……（恺）乃密货崇帐下问其所以。答云：‘豆至难煮，豫作熟末，客来，但作白粥以投之耳。’……崇后知之，因杀所告者。”

郭祥正《答魏掾招饮》

此诗写招饮的直接目的在于“逃轩昂”和“避谤伤”，但这仅仅是出于生存的考虑，而缺乏生活审美，“月华”“秋风”二句则补足了这一缺憾，尤其是“秋风”“蟹螯”数语，便将酒徒兴致展现无遗。饮酒当然会出于“逃避”什么，但饮酒本身的美却不应被忽视。

我欲招魏子，小山尝白醪。月华虽未满，已觉秋风高。何物佑[①]樽酌，肥鲈并蟹螯。一饮洗百忧，轩冕稍可逃。此语未及发，辱君先见要。乃知志趣同，盍簪[②]皆俊僚。亦应唤舞娥，红云欲飞飘。不然避谤伤，谈话倾渔樵。期归一酩酊，世事如芭蕉[③]。（《青山集》卷六）

【注释】

①佑：佐助。

②盍簪：士人聚会。杜甫《杜位宅守岁》有中“盍簪喧枥马，列炬散林鸦”。

③世事如芭蕉：谓世事脆弱易破碎，如芭蕉一样不牢固。又，《列子》载“蕉叶覆鹿”之事，谓世间得失荣辱如梦幻一般难以料定。

黄庭坚《和张沙河招饮》

此诗在修辞上善用比喻，且多用典故，很能够体现其“无一字无来历”的诗学主张，其目的是制造诗意的曲折，表现出了浓厚的书卷气。在结构上，此诗前六句为铺垫，以此突出末句“酒如川”的喜悦和始料未及。全诗虽多用典故，但并不板滞，末句尤显轻盈畅快。

张侯耕稼不逢年①，过午未炊儿女煎。腹里虽盈五车读，囊中能有几钱穿。况闻缊素尚黄葛②，可怕雪花铺白毡。谁料丹徒布衣得③，今朝忽有酒如川。(《山谷诗注·外集》卷六）

【注释】

①“张侯”句：比喻张沙河刻苦读书，然未中科举，以致生计寥落。

②“况闻”句：谓张氏衣着贫旧，惧怕冬日白雪的寒冷。缊：乱麻、新棉旧絮相间，与本句“黄葛”，皆为贫者之衣。

③“谁料”句：即“谁料得丹徒布衣”云云。丹徒布衣，谓晋代诸葛长民，此借指张沙河。

孙觌《胥泽民招饮二首》(其一)

孙觌（dí）(1081—1169)，字仲益，号鸿庆居士，常州晋陵

（今常州市武进）人，有《鸿庆居士集》等。孙觌诋毁李纲、岳飞，其人品为士流诟病，“平生耽田里”可能只是自欺欺人之语，但从总体上看，其诗文艺术水平尚佳，《论语》“不以人废言”的观点正可用于孙觌身上。

萧晨散幽步，不放一尘惊。高崖初日吐，坏道哀湍鸣。平生耽田里，见此心眼明。危桥属幽径，别户延朱甍。主人鸡黍约，庖烟起晨烹。长须[1]举案出，银杯坐中行。烂漫写[2]真意，殷勤愧深情。留欢更卜夜，华烛吐长檠。（《鸿庆居士集》卷二）

【注释】

①长须：男仆，典出王褒《僮约》。

②写：通“泻”，抒发。

周必大《子中兄招饮次韵二首》（戊午夏）

周必大（1126—1204），吉州庐陵（今江西省吉安县）人，南宋政治家，官至左丞相，封许国公。崇高的官位使其长久主盟文坛，与范成大、陆游、杨万里等人多有交往。第一首从“学道”与“忧贫”讲起，并引西汉太傅疏广、少傅疏受叔侄激流勇退的故事，显得身份尤高。第二首中的“清风”“闲人”等，包含着白居易、苏轼的影子。次韵之中，又全用古典，使得诗风平正典雅有余，而性情吟咏不足。

青衿学道不忧贫，黄发相看并乞身。前有二疏今可企，免教人谓鲁无人。

立朝共踏东华土，居里同抽北阙身。从此清风与明月，尊前真属两闲人。(《周文忠集》卷四二)

汪元量《曾平山招饮》

汪元量(1241—1317)，字大有，号水云，钱塘(今浙江杭州)人，是宋末元初的遗民诗人。此诗从“固穷”说起，重在气节，于是颔联的“竹”与“书”便也有了着落。“旋篘酒”和“新网鱼”主要突出其新鲜美味，也是“招饮”的主要看点。酣饮尽兴之后，清凉的山雨也给诗人带来意外之喜。总之，这次招饮是非常成功的。

老貌不随俗，固穷而隐居。一坞百竿竹，八窗千卷书。酌以旋篘酒，荐之新网鱼。兴尽出门去，晚凉山雨余。(《水云集》卷一)

劝饮

招饮是主人盛情，招客来饮；劝饮是客人已至，劝其举杯。就空间距离的远近而言，劝饮更近于招饮。劝人饮酒，自然要讲出必须饮酒的道理和原因，让对方心甘情愿地举起酒杯“与尔同销万古愁”。在众多的原因中，避祸保身、丹药误人、醉中天真等是常见主题。但不同的诗人写来，面目各不相同：李白潇洒飘逸，白居易闲适自在，李贺奇谲诡丽，苏轼任真合群，陈师道沉厚有力。如果要在古代诗人的诗歌风格和自身性情之间找到一个最佳观测点，劝酒无疑是一个不错的选择。因为劝酒不是简单的饮酒和自我陶醉，劝酒要有说辞，无论以真诚为主还是以诙谐为主，劝酒者都要表达自我，以此观之，诗人的性情便会相对容易地被观察和理解。

李白《山人劝酒》

李白的抱负可以用《老子》“功成，名遂，身退”一语概括，所谓“事了拂衣去，深藏身与名”。正因如此，李白对张良、鲁仲连、“商山四皓”屡加歌咏，此首诗题中的“山人”指的就是“商山四皓”，“四皓”是李白心中的理想人物，由他们来劝酒，诗人岂有不醉之理？

苍苍云松，落落绮皓。春风尔来为阿谁，蝴蝶忽然满芳草。秀眉霜雪颜桃花，骨青髓绿长美好。称是秦时避世人，劝酒相欢不知老。各守麋鹿志，耻随龙虎争。欻[1]起佐太子，汉皇乃复惊。顾谓戚夫人，彼翁羽翼成。归来商山下，泛若云无情。举觞酹巢由，洗耳何独清。浩歌望嵩岳，意气还相倾。（《李太白集辑注》卷四）

【注释】

①欻（xū）：忽然。

白居易《劝酒寄元九》

白居易注重现世生活，对于道教的升仙与佛教的彼岸，很明确表示了远离与否定。该诗语言平易，“一杯”“两杯”“三杯”的句子，颇能引人入境，人人皆可感。诗中所提到的“有风波”“藏陷阱”“织网罗”，可谓药言苦口，可惜元稹并没有认真留意，反而深陷旋涡，以致暴卒。

薤叶有朝露，槿枝无宿花[1]。君今亦如此，促促生有涯。既不逐禅僧，林下学楞伽。又不随道士，山中炼丹砂。百年夜分半，一岁春无多。何不饮美酒，胡然自悲嗟。俗号销愁药，神速无以加。一杯驱世虑，两杯反天和。三杯即酩酊，或笑任狂歌。陶陶复兀兀，吾孰知其他。况在名利途，平生有风波。深心藏陷阱，巧言织网罗。举目非不见，不醉欲如何。（《白氏长庆集》卷九）

【注释】

①宿花：花期超过一天的花，谓朝开夕落。

白居易《花下自劝酒》

白居易不争名利、安然自适的心态从步入仕途之初就已经形成。三十岁正是博取功名之时，而诗人举杯自劝，除了惜时之外，还有踏实生活、无欲无求的充实心态。诗中的“纷纷”正是“满满”的劝酒辞。

酒盏酌来须满满，花枝看即落纷纷。莫言三十是年少，百岁三分已一分。（《白氏长庆集》卷一三）

白居易《劝酒》

这首诗采用了寓言的写法，以“东邻”的盛极而衰和“西邻”的发迹变泰为中心，抒发了世事无常、朝夕万变的感慨，诗歌的最后两句是为了打消权贵的猜疑才这样说的，其实“五侯”恰恰就是“东邻”的隐喻。

昨与美人对尊酒，朱颜如花腰似柳。今与美人倾一杯，秋风飒飒头上来。年光似水向东去，两鬓不禁白日催。东邻起楼高百尺，璇题[①]照日光相射。珠翠无非二八人，盘筵何啻三千客。邻家儒者方下帷，夜诵古书朝忍饥。身年三十未入仕，仰望东邻安可期。一朝逸翮乘风势，金榜高张登上第。春闱未了冬登科，九万抟风谁与继。不逾十稔居台衡，门前车马纷纵横。人人仰望在何处，造化笔头云雨生。东邻高楼色未改，主人云亡息犹在。金玉车马一不存，朱门更有何人待。墙垣反锁长安春，楼台渐渐属西邻。松篁薄暮亦栖鸟，桃李无情还笑人。忆昔东邻宅初构，云甍彩栋皆非旧。玳瑁筵前翡翠栖，芙蓉池上鸳鸯斗。日往月来凡几秋，一衰一盛何悠悠。但教帝里笙歌在，池上年年醉五侯。（《文苑英华》卷三三六）

【注释】

①璇（xuán）题：用玉装饰的椽头。扬雄《甘泉赋》云“珍台闲馆，琁题玉英”。李善注引应劭曰“题，头也。榱椽之头，皆

以玉饰，言其英华相烛也”。

白居易《劝酒十四首》（并序）

这是一组劝酒诗，《何处难忘酒》是饮者主动思酒，包括士子、羁客、少年、病翁、将军、友人、逐臣七类，特定的场合下，非酒不能欢庆，非酒不能抒怀；《不如来饮酒》是主人劝客，从字面上看，更符合劝饮的主题。其名包括隐士、农夫、商人、征夫、仙人、权贵、俗客七类，“何曾”“那将”等也道出了诗人的世间清醒。诗末的重叠词如“厌厌”“悠悠”等亦别出心裁，很能表现出饮者醉酒之后的内心世界。

予分秩东都，居多暇日。闲来辄饮，醉后辄吟，若无词章，不成谣咏。每发一意，则成一篇，凡十四篇，皆主于酒，聊以自劝，故以《何处难忘酒》《不如来饮酒》命篇。

《何处难忘酒》七首

何处难忘酒，长安喜气新。初登高第后，乍作好官人。省壁明张榜，朝衣稳称身。此时无一盏，争奈帝城春。

何处难忘酒，天涯话旧情。青云俱不达，白发递相惊。二十年前别，三千里外行。此时无一盏，何以叙平生。

何处难忘酒，朱门羡少年。春分花发后，寒食月明前。小院回罗绮，深房理管弦。此时无一盏，争过艳阳天。

何处难忘酒，霜庭老病翁。暗声啼蟋蟀，干叶落梧桐。鬓为愁先白，颜因醉暂红。此时无一盏，何计奈秋风。

何处难忘酒，军功第一高。还乡随露布[①]，半路授旌旄。玉柱剥葱手，金章烂椹袍[②]。此时无一盏，何以骋雄豪。

何处难忘酒，青门送别多。敛襟收涕泪，簇马听笙歌。烟树灞陵岸，风尘长乐坡。此时无一盏，争奈去留何。

何处难忘酒，逐臣归故园。赦书逢驿骑，贺客出都门。半面瘴烟色，满衫乡泪痕。此时无一盏，何物可招魂。

《不如来饮酒》七首

莫隐深山去，君应到自嫌。齿伤朝水冷，貌苦夜霜严。渔去风生浦，樵归雪满岩。不如来饮酒，相对醉厌厌。

莫作农夫去，君应见自愁。迎春犁瘦地，趁晚喂羸牛。数被官加税，稀逢岁有秋。不如来饮酒，酒伴醉悠悠。

莫作商人去，恓惶君未谙。雪霜行塞北，风水宿江南。藏镪[③]百千万，沉舟十二三。不如来饮酒，仰面醉酣酣。

莫事长征去，辛勤难具论。何曾画麟阁，只是老辕门。虮虱衣中物，刀枪面上痕。不如来饮酒，合眼醉昏昏。

莫学长生去，仙方误杀君。那将薤上露，拟待鹤边云。矻矻[④]皆烧药，累累尽作坟。不如来饮酒，闲坐醉醺醺。

莫上青云去，青云足爱憎。自贤夸智慧，相纠斗功能。鱼烂缘吞饵，蛾焦为扑灯。不如来饮酒，任性醉腾腾。

莫入红尘去，令人心力劳。相争两蜗角，所得一牛毛。且

灭嗔中火，休磨笑里刀。不如来饮酒，稳卧醉陶陶。（《白氏长庆集》卷五七）

【注释】

①露布：不加缄封的文书，多指檄文、捷报等。

②椹袍：即紫袍，紫色的过膝外衣。

③藏镪（qiǎng）：储藏的钱币。镪，成串的钱。

④矻矻（kū kū）：勤勉不怠的样子。《汉书·王褒传》载“器用利，则用力少而就效众。故工人之用钝器也，劳筋苦骨，终日矻矻”。颜师古注“应劭曰：‘劳极貌。’如淳曰：‘健作貌。’师古曰：‘如说是也。’”

李贺《相劝酒》

李贺（790—816），字长吉，河南府昌谷乡（今河南省宜阳县）人。李贺的诗风空灵瑰丽，奇诡冷峭，多学《离骚》。这首《相劝酒》同样带有神秘玄游的色彩。“蓐收”“翠柳”“青帝”“红兰”使此诗表现出鲜明的“昌谷体”。诗中写时光流逝且世间荣华不足为悦，于是“劝酒”便有了情感基础。诗歌的内容与前人并无大的差别，但其语言风格独树一帜。

羲和骋六辔，昼夕不曾闲。弹乌崦嵫[1]竹，抶[2]马蟠桃鞭。蓐收[3]既断翠柳，青帝又造红兰。尧舜至今万万岁，数子将为倾盖间。青钱白璧买无端，丈夫快意方为欢。臛蠵臑熊[4]何足云，会须钟饮北海，箕踞南山。歌淫淫，管愔愔，横波好送雕题金[5]。人生得意且如此，何用强知元化心。相劝酒，终无辍。伏愿陛下鸿名终不歇，子孙绵如石上葛。来长安，车骈骈。中有梁冀旧宅，石崇故园。（《李长吉诗歌汇解》卷四）

【注释】

①崦嵫（yān zī）：中国古代神话中日落之山。

②抶（chì）：用鞭、竹杖之类的东西打。《说文解字》曰“抶，笞击也”。

③蓐收：古代神话中的西方之神、秋神、金神。《山海经》卷七《海外西经》记“西方蓐收，左耳有蛇，乘两龙”。

④臛（huò）蠵（xī）臑（nào）熊：泛指山珍海味。臛，肉羹。蠵，大海龟。臛蠵，将大海龟做成肉羹。臑，煮烂。

⑤“横波”句：王琦注“此言目送金杯宴饮以乐”。横波，美女的眼睛。雕题，王琦注“雕刻其题额也”。

张祜《劝饮酒》

张祜（约 785—约 852），字承吉，清河人氏。杜牧所言“谁人得似张公子，千首诗轻万户侯”，即其人。张祜对人生的潇洒态度在此诗中即可体现一二。

烧得硫黄漫学仙，未胜长付酒家钱。窦常不吃齐推药[①]，却在人间八十年。（《张处士集》卷五）

【注释】

①“窦常”句：窦常（756—825），字中行，《旧唐书》卷一五五有传。齐推，唐宪宗时人。“齐推药”，不详。或曰“药”，一作“乐”，如此，则诗意为：窦常、齐推皆不吃丹药，故能长寿。

苏轼《叔弼云履常不饮，故不作诗，劝履常饮》

陈师道为“苏门六君子”之一，出身寒微，但学问受到苏、黄等人称赞。宴会时，为避免一人向隅，苏轼不免劝其饮酒，诗歌从自身写起，语言温和恳切，既洽于人事，又合乎性情。

我本畏酒人，临觞未尝诉。平生坐诗穷，得句忍不吐。吐酒茹好诗，肝胃生滓污。用此较得丧，天岂不足付。吾侪非二物，岁月谁与度[①]。悄焉得长愁，为计已大误。二欧[②]非无诗，恨子不饮故。强为釂[③]一酌，将非作愁具。成言如皎日，援笔当自赋。他年五君咏，山王一时数[④]。（《苏轼诗集合注》卷三四）

【注释】

①岁月谁与度：用杜甫《有怀台州郑十八司户》成句。

②二欧：欧阳叔弼兄弟，欧阳修之子也。

③釂（jiào）：喝尽杯中之酒。《汉书》卷九二《游侠传·郭解》

载“解姊子负解之势，与人饮，使之釂，非其任，强灌之”。

④“他年”句：颜延之作《五君咏》，山涛、王戎因名位显贵而不被收录。数，纳入其类，比数。

送酒

年辈相仿，自可招饮话旧。如果辈分、名位相差较大，或者距离遥远、招饮不便时，送酒便也成了古人常见的生活内容。关于送酒，最著名的两个典故，一是陶渊明的“白衣送酒”（见《宋书·隐逸传》），二是扬雄的“载酒问字”（见《汉书·扬雄传》）。前者为“古今隐逸诗人之宗”，其典故更为人熟知；后者则更为以学问自尚的文人喜爱。这两个典故都是世人由于钦佩而自发的行为，虽然送酒者当中不免名与利的成分，但相较后人以送酒为交往方式，以之为羔雁而言，还是带有更多的纯朴天真之情。唐诗与送酒相关的诗题并不是很多；宋代之后，此类题材在数量、事由、质量等方面都较为可观。宋诗以俗事入诗，在诗歌题材的开拓上做出了巨大贡献，送酒诗亦为此类代表。

杜甫《谢严中丞送青城山道士乳酒一瓶》

杜甫用“青云”来比喻“青城山道士乳酒”，便多了一份诗意的欣赏。“浓”与“香”也道出了乳酒的美味。在诸多诗体中，杜甫并非以绝句擅长，但这一首仍然表现出较高的艺术水准。

山瓶乳酒下青云，气味浓香幸见分。鸣鞭走送怜渔父[1]，洗盏开尝对马军[2]。(《杜诗详注》卷一一)

【注释】

①渔父：作者自称。

②马军：军队中担任运输传递工作的人员，即送酒者。原注“军州谓驱使骑为马军”。

梅尧臣《李审言遗酒》

梅尧臣并不善于诙谐，但偶尔也有令人忍俊不禁的句子。诗中“漱齿”“邻家蒲萄”“流涎”等，都是有意诙谐的例子。友人馈赠，气氛可以轻松一些、活泼一些，不必总是端庄严肃。这些貌似自毁形象的句子，也是任真率直的一种表现。此诗上半部以写实为主，下半部以想象为主，虚实结合的手法，使全诗灵动了许多。

大梁美酒斗千钱，欲饮常被饥窘煎。经时[1]一滴不入口，漱齿费尽华池泉。昨日灵昌兵吏至，跪壶曾不候报笺。赤泥坼封倾瓦盎，母妻共尝婢流涎。邻家莆萄未结子，引蔓垂过高墙巅。当街卖杏已黄熟，独堆百颗充盘筵。老年牙疏不喜肉，况乃下箸无腥膻。空肠易醉忽酩酊，倒头梦到上帝前。赐臣苍龙跨入月，不意正值姮娥眠。无人采顾傍玉兔，便取作腊[2]下九天。拔毛为笔笔如椽，狂吟一扫一百篇。其间长句寄东郡，东郡太守终始贤。切莫汲竭滑公井，留酿此醑时[3]我传。（《宛附先生文集》卷一五）

【注释】

①经时：经历很长时间。蔡邕《述行赋》中有“余有行于京洛兮，遘淫雨之经时”。

②作腊：制成腊干。腊，风干或熏干的食物。

③时：通“伺”，等待。《论语·阳货》载“孔子时其亡也，而往拜之”。

苏轼《章质夫送酒六壶，书至而酒不达，戏作小诗问之》

苏轼大才，无所不包，即使生活小事，也可写得津津有味。此诗首句写得煞有介事，很是庄重，愈是如此，便愈可为下文的诙谐张本。“空”“漫”两句延续诙谐的主题，做足题面。最后两句以正言收尾，使全诗平衡。

白衣送酒舞渊明，急扫风轩洗破觥。岂意青州六从事，化为[1]乌有一先生。空烦左手持新蟹，漫绕东篱嗅落英。南海使君[2]今北海，定分百榼饷春耕。（《苏轼诗集合注》卷三九）

【注释】

①“化为”：即题目所指“酒不达”也。

②南海使君：谓章质夫。

黄庭坚《次韵杨君全送酒长句》

黄庭坚的诗因为多用典故以及典故杂糅等原因，招致了后人的很多批评，但黄诗也有许多平淡质朴的作品。此诗未用奇典僻典，且“醡头夜雨”的比喻颇有清新之感，与李贺“小槽酒滴珍珠红”，一质朴，一华丽，可视作唐宋诗异质审美的一个例证。

扶衰却老[①]世无方，惟有君家酒未尝。秋入园林花老眼，茗搜文字响枯肠[②]。醡头夜雨排檐滴[③]，杯面春风绕鼻香。不待澄清遣分送，定知佳客对空觞。（《山谷集·文集》卷一〇）

【注释】

①却老：使老态退去。

②“茗搜”句：唐代卢仝《走笔谢孟谏议寄新茶》中有“三碗搜枯肠，唯有文字五千卷”。

③“醡头”句：酒滴从榨槽流出，有似雨滴由檐角落下。醡，酒榨。

黄庭坚《送酒与毕大夫》

此亦应用文体，妙在干脆利索，不拖泥带水。“聊”“应”“殊”等虚词的斡旋，使原本质直的人事活动，多了一丝曲折婉转之美。

浅色官醅昨夜篘，一樽聊付卯时投[①]。瓮边吏部应欢喜[②]，殊胜平原老督邮[③]。(《山谷诗注·外集》卷一一)

【注释】

①卯时投：早晨饮酒，即卯饮也。

②“瓮边”句:《晋书》卷四九《毕卓传》载“太兴末，为吏部郎，常饮酒废职。比舍郎酿熟，卓因醉，夜至其瓮间盗饮之，为掌酒者所缚，明旦视之，乃毕吏部也，遽释其缚”。

③老督邮：谓恶酒也。《世说新语·术解》载“桓公有主簿，善别酒，有酒辄令先尝。好者谓青州从事，恶者谓平原督邮”。

陈师道《谢人寄酒》

陈师道虽然学黄庭坚而自成一体，但其诗歌中的用典也是较为频繁的。此诗后两句各用一典，与绝句流畅、蕴藉的主体审美风格略有差异。

旧香余味记黄封，厌见春泥满眼红。千乘莫从公子后①，百壶②能为故人东。(《后山诗注》卷二)

【注释】

①“千乘”句:《史记》卷九三《韩王信传》载“(陈)豨常告归，过赵，赵相周昌见豨，宾客随之者千余乘”。

②“百壶”句：杜甫《城西陂泛舟》中有“不有小舟能荡桨，百壶那送酒如泉?”

陈与义《季高送酒》

此诗虽以典故铺排，但其拟人的写法使全诗带有一种轻松诙谐之意。友人送酒，作者以诗回赠，彼此相安，确为有趣。

自接曲生①蓬户外，便呼伯雅②竹床头。真逢幼妇着黄绢，直遣从事到青州。(《简斋集》卷一五)

【注释】

①曲生：谓酒。

②伯雅：酒器。《太平御览》卷四九七“人事部”引《史典论》曰“荆州牧刘表跨有南土，子弟骄贵，并好酒。为三爵，大曰伯雅，次曰仲雅，小曰季雅。伯受七升，仲受六升，季受五升”。

韩驹《走笔谢人送酒》

韩驹（1080—1135），字子苍，陵阳仙井（今四川省仁寿县）人。诗写友人送酒之及时。“从事斩关”的写法，显然属于江西诗法的一路。

此身投老倦黄埃，傍水柴扉晚自开。百万愁城攻不破①，正须从事斩关②来。（《陵阳集》卷三）

【注释】

①愁城：庾信《愁赋》曰“攻许愁城终不破，荡许愁门终不开”。

②从事斩关：谓以酒浇愁也。从事，即“青州从事”。

戴复古《端午丰宅之提举送酒》

戴复古（1167—约1248），字式之，号石屏，天台黄岩（今浙江省台州市）人，一生未仕。对友人送酒最好的感谢（回应），就是饮下此酒并加以夸赞，让友人觉得不虚此赠。但饮酒也要找好契机，此诗题目中的“端午”与“酒”自然就联系在了一起，而且“独醒无用处”“痛饮读《离骚》”与主题亦严丝合缝。

海榴花上雨萧萧，自切菖蒲泛浊醪。今日独醒无用处，为

公痛饮读《离骚》[1]。(《石屏集》卷七)

【注释】

①痛饮读《离骚》:《世说新语·任诞》载“王孝伯言:‘名士不必须奇才,但使常得无事,痛饮酒,熟读《离骚》,便可称名士。’”

小酌

小酌是饮酒的常态，也是诗人乐意表现的主题，它往往以独酌形式出现。所不同者：小酌谓饮酒之量较小，与大醉相对；独酌谓一人独饮，与宴饮相对。喜欢小酌，并且经常将其形诸诗篇的人，一定是热爱生活，且有相对安静的创作环境的人。李白、杜甫以及唐代以前的诗中没有“小酌”的字眼，并不代表他们没有这样的饮酒行为，至于为何不以之为题，原因是多方面的，从诗歌本身发展规律来讲，诗题的开拓要到中唐以后才明显起来。从时代心理来讲，中唐以前士人心态大多以积极入世为主，重在参与。中唐以后，以白居易为代表的“穷则独善其身”的思想开始逐渐被接受，也就有了以“闲适”为代表的诗歌创作。小酌不但以酒量分别，甚至饮酒的姿态、斟酒的动作等，也都应该是沉浸式的、缓和自在的，像杜甫笔下“饮如长鲸吸百川”、陆游笔下“如巨野受黄河倾”之类肯定不能算作小酌。在以小酌为主题的创作中，陆游和杨万里的诗作依旧是最为丰富的，一是他们的存世作品很多，这是客观原因；二是他们都有一段漫长的赋闲生活，且久处卑职。相对清闲的生活，让诗人有时间思考人生，在思考人生时以小酌陪伴，在小酌相伴中又感悟人生。

白居易《初授秘监并赐金紫，闲吟小酌，偶写所怀》

公元827年，白居易官授秘书监，时年56岁。诗人感觉已享人间之寿，已居世上之荣，这是知足常乐的表现。末句提到的“心太平”，实是养性之要，唯其如此，才能体会到小酌的乐趣。

紫袍新秘监，白首旧书生。鬓雪人间寿，腰金[1]世上荣。子孙无可念，产业不能营。酒引眼前兴，诗留身后名。闲倾三数酌，醉咏十余声。便是羲皇代，先从心太平。（《白氏长庆集》卷五五）

【注释】

①腰金：腰中挂着金印，泛指身居富贵。

白居易《雪夜小饮赠梦得》

此诗前半双起，连带刘禹锡；后半单笔，写个人怀抱。“销永夜”是古人生活中的一项大事，苏轼选择了“好诗”（《夜直玉堂携李之仪端叔诗百余首读至夜半书其后》），虽然清雅，但不及“小酌”更有生活趣味。

同为懒慢园林客，共对萧条雨雪天。小酌酒巡销永夜，大开口笑[1]送残年。久将时背成遗老，多被人呼作散仙。呼作散仙应有以，曾看东海变桑田。(《白氏长庆集》卷六九)

【注释】

①开口笑:《庄子·盗跖》云“开口而笑者，一月之中不过四五日而已矣”。又，白居易《与杨虞卿书》载“凡半年余，与足下开口而笑者不过三四”。

苏辙《闰九月重九与父老小饮四绝》

章法布置在这一首组诗中运用得非常巧妙，或者说浑然天成。第一首以喜为主，“酒熟风高”的重阳节定会格外令人欢喜；第二首写谪居心态，“莫起天涯万里心”是强行的自我安慰，与苏轼“莫作天涯万里意，溪边自有舞雩风”表达了相同的含义，但苏轼写来更显超脱一些；第三首写重阳饮酒的另一层必要，即“年六十余”外加“山深瘴重”，表明自己并非无故寻欢，出言谨慎；第四首写兀傲之气，“老年不似少年忙”表明自己早已心静如水，不再为名利而奔波乞求，以此收束全篇，身份自显。

九日龙山霜露凝，龙川九日气如烝[1]。偶逢闰月还重九，酒熟风高喜不胜。

获罪清时世共憎，龙川父老尚相寻。直须便作乡关看，莫起天涯万里心。

客主俱年六十余，紫萸黄菊映霜须。山深瘴重多寒势，老大须将酒自扶。

尉佗②城下两重阳，白酒黄鸡意自长。卯饮下床虚已散，老年不似少年忙。（《栾城集·后集》卷二）

【注释】

①烝：同“蒸”。

②尉佗：即赵佗，在岭南建立南越国，死后葬在番禺（今广州）。《汉书》卷一《高帝纪》载“会天下诛秦，南海尉它居南方，长治之，甚有文理”。

陆游《家园小酌》（选一）

诗写“家园小酌”，因此对“家园”进行了细致的描写。“满林春笋”偏重于静态的空间，“竟日鸬鹚”偏重于动态的时间。这是闲居生活的表现，唯其如此，方能静观万物。换言之，唯有“心懒”，才会有心情小酌。前两句化用杜诗之典而读者不觉其有典，可见陆诗琢句之工稳。

满林春笋生无数①，竟日鸬鹚来百回②。衣上尘埃真一洗，酒边怀抱得频开。池鱼往者忧奇祸③，社栎终然幸散材④。世世纷纷心本懒，闭门岂独畏嫌猜。（《剑南诗稿》卷一）

【注释】

①“满林”句：杜甫《三绝句》（其三）“无数春笋满林生”。

②“竟日”句：杜甫《三绝句》（其二）“门外鸬鹚去不来，沙头忽见眼相猜。自今已后知人意，一日须来一百回”。

③“池鱼”句：《艺文类聚》卷八〇火部引《风俗通》曰“城门失火，祸及池中鱼。”

④“社栎”句：《庄子·人间世》载“匠石之齐，至乎曲辕，见栎社树，其大蔽牛……曰：‘散木也……无所可用，故能若是之寿。’”

陆游《松滋小酌》

松滋，在今天湖北省荆州市。远离故土当然是凄凉的，更何况作者经过的是历代诗人歌咏之地，“巴山楚水凄凉地”，这是诗人的传统。“风声”“雪意”再加上“茫茫恨”，自然是需要小酌一番才会排遣的。

西游六千里，此地最凄凉。骚客久埋骨，巴歌犹断肠。风声撼云梦，雪意接潇湘。万古茫茫恨，悠然付一觞。（《剑南诗稿》卷二）

陆游《道中累日不肉食，至西县市中得羊，因小酌》

诗题非常有趣，甚至比诗歌本身更吸引人。诗人将“累日不肉食”写出，大类苏轼“萧条醉饱半月无”之坦率。旅途劳顿之时，得此美味，若非小酌，何以解乏？妙哉，妙哉！

门外倚车辕，颓然就醉昏。栈余羊绝美①，压近酒微浑②。一洗穷边恨，重招去国魂。客中无晤语，灯烬为谁繁？（《剑南诗稿》卷三）

【注释】

①“栈余”句：客栈剩余的羊肉，味道绝美。

②“压近”句：酒已不多，压至底端，略显浑浊。

陆游《弥牟镇驿舍小酌》

陆诗用典高妙，前文已略及。此诗颔联、颈联四句，句句有典，可见其腹笥之富。“蝉声”“日落”颇能为小酌助兴。末句为兴到之语，抑或反语，读者不可以辞害意也。

邮亭草草置盘盂，买果煎蔬便有余。自许白云终醉死①，不论黄纸有除书②。角巾垫雨③蝉声外，细葛含风④日落初。行遍天涯身尚健，却嫌陶令爱吾庐⑤。（《剑南诗稿》卷六）

【注释】

①白云醉死:《旧唐书》卷七九《傅奕传》载“因自为墓志曰:‘傅奕，青山白云人也，因酒醉死。’”

②黄纸除书：白居易《别草堂三绝句》(其一)“正听山鸟向阳眠，黄纸除书落枕前”。

③角巾垫雨:《后汉书》卷六八《郭太传》载“尝于陈梁间行，遇雨，巾一角垫，时人乃故折巾一角，以为林宗巾”。

④细葛含风：杜甫《端午日赐衣》有中“细葛含风软，香罗叠雪轻。”

⑤陶令爱吾庐：陶渊明《读山海经》有中“众鸟欣有托，吾亦爱吾庐。”

陆游《中夜对月小酌》

此诗以清冷胜，属于陆诗风格中的另一大宗。世人常以豪放称赞陆诗，殊不知其婉约处亦极为可观。“早眠人不知”，写出了诗人的心眼与性情。有“素月”“梅花”伴酌，此夜虽然清冷，然定不寂寞矣。

今夕复何夕，素月流清辉。徘徊入我堂，化作白玉墀。栖鸟满高树，空庭结烟霏。可怜如许景，早眠人不知。我幸与周旋，一醉那得辞。整我接䍦巾[①]，斟我翡翠卮。清愁不可耐，三嗅梅

花枝。(《剑南诗稿》卷九)

【注释】

①接䍦:《世说新语·任诞》云“复能乘骏马,倒著白接䍦”。

陆游《道中病疡久不饮酒,至鱼梁小酌,因赋长句》

此诗写久病思酒,颇有生活趣味。全诗以“病”为主线,写世人以“针烙”为疗病之方,徒增苦耳,不若灯下小酌为怡情也。

我行浦城道,小疾屏杯酌[①]。癣疥何足言[②],亦复妨作乐[③]。此身会当坏,百岁均电雹。胡为过自惜,龛卧困针烙?未尝脍噞喁,况敢烹郭索。今朝寓空驿,窗户寒寂寞。悠然忽自笑,顿解贪爱缚。红烛映绿樽,奇哉万金药。(《剑南诗稿》卷一〇)

【注释】

①屏杯酌:同黄庭坚《出礼部试院王才元惠梅花三种皆妙绝戏答三首》(其三)有中“病夫中岁屏杯杓”。

②“癣疥”句:《颜氏家训·书证篇第十七》载“疥癣小疾,何足可论?”

③妨作乐:《晋书》卷四九《向秀传》载“嵇康曰:‘此书讵复须注,正是妨人作乐耳。’”

明 · 钱穀 《兰亭修禊图》(局部)

宗之瀟灑
美少年舉
觴白眼望
青天皎如
玉樹臨風
前

旧传元·任仁发 《饮中八仙图卷》(局部)

明・万邦治 《醉饮图》

陆游《偶得北虏金泉酒小酌》

这首组诗写出了陆游的矛盾心理：一方面虏酒确能醉人，令人难以拒绝和否定；另一方面在家国大义上，对“逆胡”的态度并不能因虏酒的美味而改变。

草草杯盘莫笑贫，朱樱羊酪也尝新。灯前耳热颠狂甚，虏酒谁言不醉人？（高适诗云：胡儿十岁能骑马，虏酒千杯不醉人。）

逆胡万里跨燕秦，志士悲歌泪满巾。未履胡肠涉胡血[1]，一樽先醉范阳春。（《剑南诗稿》卷一六）

【注释】

①“未履”句：苏舜钦《吾闻》中有“马跃践胡肠，士渴饮胡血”。

陆游《小酌》

此诗主要抒发作者的满腹牢骚。“真漫尔”是后悔,“固超然”是倔强。末句用“会向”二字将不满之情一吐为快。在此种情绪下，小酌就成为了一种无可奈何的缓解方式。诗中对“团脐”和“缩项”的自注，也略有自鸣得意之举：世事迫人太甚，而吾有此二物消愁，尔能奈我何？

帘外桐疏见露蝉，一壶聊醉嫩寒天。团脐磊落吴江蟹，缩项轮囷汉水鳊。投老宦游真漫尔，平生怀抱固超然。文书缚急[1]何由耐，会向长安市上眠。(《剑南诗稿》卷一八)

【注释】

①文书缚急：黄庭坚《见子瞻粲字韵诗，和答三人，四返不困而愈崛奇，辄次旧韵寄彭门》(其三)中有“简书束缚人，一水不能乱”。

陆游《雪夜小酌》

诗题为“雪夜小酌”，而诗的内容对“雪夜”只是一笔带过。诗中“藏书万卷方尽读”是兀傲之语，谓正因闲居无事，祸福不经其心，故能读尽万卷也。

黄昏云齐雪意熟，二更雪急声簌簌。地炉对火得奇温，兔醢鱼鱐[1]穷旨蓄。引杯且作槁面红，脱帽不管衰鬓秃。浩歌三终[2]徐自和，藏书万卷方尽读。从来本不择死生，况复区区论祸福。雪晴著屐可登山，与子一放千里目。(《剑南诗稿》卷二一)

【注释】

①鱼鱐(sù)：干鱼。《周礼·天官·笾人》载“朝事之笾，其实麷、蕡、白、黑、形盐、膴鲍、鱼鱐”。贾公彦疏“鱐为干鱼”。

②三终：三章之乐奏毕。《仪礼·大射礼》载“小乐正立于西阶东，乃歌《鹿鸣》三终”。

陆游《溪上小酌》

此诗的前四句写“溪上”，后四句写“小酌”。“亦有”表示知足常乐，颇不寂寞；“又破”表示不止一次，戒酒为枉然之举。诗人之可爱，于此可见。

岸帻[①]出篱门，投竿俯溪濑。鱼聚忽千百，鸟鸣时一再。新凉社瓮香，亦有雉兔卖。欢言洗杯酌，又破止酒戒。（《剑南诗稿》卷四〇）

【注释】

①岸帻（zé）：推起头巾，露出额头。多指态度潇洒，不拘礼节。孔融《与韦端书》曰“间僻疾动，不得复与足下岸帻广坐，举杯相于，以为邑邑”。

陆游《视东皋归小酌》（二首）

此诗写农作归来后饮酒，有陶渊明“盥濯息檐下，斗酒散襟颜”的感觉。杨恽在说“田家作苦，岁时伏腊。烹羊炰羔，斗酒作劳”的时候，胸中不免怨气，而陆游此作，心地相对平和了许多，但第二首中“身誓”两句，还是带有较为强烈的情绪。

筑陂下麦[①]晚归来，围火烘衣始此回。但得诸孙传素业，真无一事挂灵台。井桐叶落垂垂尽，篱菊花残续续开。不负初寒蟹螯手，床头小瓮拨新醅。

少年误计慕浮名，更事方知外物轻。身誓生生[②]辞禄食，家当世世守农耕。授时尧典[③]先精读，陈业豳诗[④]更力行。最好水村风雪夜，地炉烟暖岁猪[⑤]鸣。（《剑南诗稿》卷六四）

【注释】

①筑陂下麦：将陂岸夯紧固，播下小麦的种子。下，播种。

②身誓生生：《资治通鉴》卷一三五载“帝泣而弹指曰：‘愿后身世世勿复生帝王家。’”

③授时尧典：《尚书·尧典》云“敬授民时”，意思是指将历法赋予百姓，使知时令变化，不误农时。

④豳诗：谓《豳风·七月》，该诗多写农业劳作。

⑤岁猪：岁暮供祭祀用的猪。苏轼《与子安兄书》云“此书到日，相次岁猪鸣矣”。

陆游《追凉小酌》

诗中的追凉属于追晚凉，小酌时的下酒菜为“苦荬”“莒蒲”这类略带苦味的蔬菜，正因其苦，所以才用“腌齑”“渍蜜”的方式烹调。夏秋炎热时，吃些苦味，与小酌亦相匹配。

绿树暗鱼梁，临流追晚凉。持杯属江月，散发据胡床。苦荬[1]腌齑美，菖蒲渍蜜香。醉来呼稚子，扶我上南塘。（《剑南诗稿》卷六七）

【注释】

①苦荬（mǎi）：苣荬菜，一年生草本植物。

陆游《花下小酌》（二首）

陆游写小酌一类的诗，一直持续到其晚年。不同的环境、年龄下，自然透露出不同的况味。组诗第一首的“也是”，表明在年迈的状态下，虽略显敷衍，但也想珍惜时光，尽享天年的意愿。第二首写其念念不忘恢复故土，虽然豪情不及早年，然而心志从未转移，这是陆游不变的风格。

柳色初深燕子回，猩红千点海棠开。鮆鱼[1]莼菜随宜具，也是花前一醉来。

云开太华[2]插遥空，我是山中采药翁。何日胡尘扫除尽，敷溪道上醉春风。（《剑南诗稿》卷八一）

【注释】

①鮆（cǐ）鱼：头长，身体侧扁，产于近海区域。

②太华：华山，这里指中原。

杨万里《小酌》

诗写瞬间感受的真实。“酒入春逾劲”是说冬日以酒驱寒，多饮而不醉，入春天气渐暖，稍饮即醉矣。“政尔忽三更”是说酒引人情，不觉夜深。善于将常人所感清晰地写出，这一点是杨万里与白居易的相似之处。

酒入春逾劲，天寒烛始明。偶然倾一盏，政尔忽三更。（《诚斋集》卷三八）

大醉

喝醉，甚至大醉、沉醉都是较为常见的，但将其写入诗歌且专门命题的就较为少有了，毕竟大醉并非值得提倡的生活方式。大醉的原因可能有三种：独酌时兴高采烈而大醉；借酒浇愁而大醉；不得不饮之时而大醉。古典诗歌中，隐居负气之人、易代之际的文人、壮志难酬的豪杰，最容易将大醉的状态呈露出来。他们显然知道大醉会招致世人批评、非议，但除去大醉又怎样消愁呢？将“大醉”二字拈出，大书特书，重点表现，也是磊落坦荡、慷慨使气的一种生活方式。但无论如何，大醉也只是偶尔为之的抒愤方式，它只能是生活中的小插曲，如果一直沉醉其中，对个人和社会而言都是有害的。本节最后选录了《资治通鉴》中的四则故事，即是讲明沉醉的弊端。

韩偓《访隐者遇沉醉，书其门而归》

韩偓（约 842—923），字致光，京兆万年（今陕西省西安市）

人，晚唐诗人，有《玉山樵人集》。韩偓诗风香艳，辞藻华丽，人称“香奁体”，但这首诗写得潇洒出脱，完全不是香艳的味道。诗中的“柴门”“鸟径”很符合隐者的形象，但必须有“沉醉”才更真实，因为隐者已摒弃世事，了无关怀才会沉沉睡去。

晓入江村觅钓翁，钓翁沉醉酒缸空。夜来风起闲花落，狼藉柴门鸟径中。（《全唐诗》卷六八一）

李端《晚春过夏侯校书值其沉醉戏赠》

李端（743—782），字正己，赵州（今河北省赵县）人，“大历十才子”之一。诗写友人沉醉之状，如“髯乍磔”“腹何便”十分有趣，而“独寝落花前”也极其风流潇洒。

欹冠枕如意，独寝落花前。姚馥清时醉①，边韶白日眠②。曝裈还当屋，张幕便成天。谒客唯题凤③，偷儿欲觇毡④。失杯犹离席，坠履反登筵。本是墙东隐，今为瓮下仙。卧龙髯乍磔，栖蝶腹何便。阮籍供琴韵，陶潜余秫田。人逢毂阳⑤望，春似永和年。顾我非工饮，期君行见怜。尝知渴羌好，亦觉醉胡贤。炙熟樽方竭，车回辖且全。噀风仍作雨，洒地即成泉。自鄙新丰过，迟回惜十年。（《全唐诗》卷二八六）

【注释】

①“姚馥”句：王嘉《拾遗记》卷九载“有一羌人，姓姚名馥，字世芬，充厩养马……馥好读书，嗜酒，每醉时好言帝王兴亡之事”。

②“边韶”句：《后汉书》卷一一〇《文苑传上》载“边韶，字孝先……韶口辩，曾昼日假卧，弟子私嘲之曰：‘边孝先，腹便便，懒读书，但欲眠。’”

③题凤：《世说新语·简傲》载“嵇康与吕安善，每一相思，千里命驾。安后来，值康不在。喜出户延之，不入。题门上作‘凤’字而去。喜不觉，犹以为欣，故作。‘凤’字，凡鸟也”。

④觇毡：《晋书·王献之传》载“夜卧斋中而有偷人入其室，盗物都尽。献之徐曰：‘偷儿，青毡我家旧物，可特置之。’”

⑤彀阳：谷雨时的艳阳天。“彀”，通“彀”。

陆游《夏夜大醉，醒后有感》

梁启超评价陆游诗，曰：“集中十九从军乐，亘古男儿一放翁。”军旅题材是陆诗的重要组成部分，其中兴复中原更是陆游毕生的志向。“王师入秦”“肝胆轮囷”是陆游大醉的下酒物。

少时酒隐东海滨，结交尽是英豪人。龙泉三尺动牛斗，阴符一编役鬼神。客游山南夜望气，颇谓王师当入秦。欲倾天上河汉水，净洗关中胡虏尘。那知一旦事大缪[1]，骑驴剑阁霜毛新。却将覆毡草檄手，小诗点缀西州春。素心虽愿老岩壑，大义未敢忘君臣。鸡鸣酒解不成寐，起坐肝胆空轮囷。（《剑南诗稿》卷七）

【注释】

①事大缪：司马迁《报任安书》云“而事乃有大谬不然者”。

王冕《大醉歌》

王冕（1287—1359），字元章，号竹斋，诸暨枫桥（今浙江省绍兴市）人，元代画家、诗人书法家、篆刻家，《明史》卷三八六有传。诗人们以大醉为常态时，往往都是社会病入膏肓之时，杜甫《饮中八仙歌》如此，王冕《大醉歌》亦是如此。生于元末的诗人对社会有着敏锐的洞察力，“时海内无事”，而王冕“每大言天下将乱”（《明史》本传），所谓“天地闭，贤人隐”，“大醉”才是最佳的生活方式。

明月珠，不可襦；连城璧，不可餔；世间所有皆虚无。百年光景驹过隙，功名富贵将焉如？君不见北邙山，石羊石虎排无数。旧时多有帝王坟，今日累累蛰狐兔，残碑断碣为行路。又不见秦汉都，百二山河[1]能险固。旧时宫阙亘云霄，今日原田但禾黍，古恨新愁迷草树。不如且买葡萄醅，携壶挈榼闲往来，

日日大醉春风台，何用感慨生悲哀？（《竹斋诗集》卷二）

【注释】

①百二山河：《史记》卷八《高祖本纪》载“秦，形胜之国，带河山之险，县隔千里，持戟百万，秦得百二焉”。

袁凯《大醉率尔三首》

读书人（儒生）大都抱着“治国平天下”的梦想，但元末明初的诗人并无用武之地，在“读书耕田两无成”之时，诗人发出“不如牛马空长大”的叹息，看似“率尔”，实是无可奈何。

白头儒生何所作，独把尘编海边坐。上书格君[1]事已晚，杀贼救民力犹懦。四十无闻[2]五十来，不如牛马空长大。

身是江南儒家子，十五学经二十史。低回欲得圣贤心，浩荡更觅儒先[3]旨。当时自谓才可重，岂料中年人不用。白头纵得溪上田，手脚生疏不能种。

腐儒学经经不明，腐儒欲耕无地耕。读书耕田两无成，不如相随剧孟辈，博钱吃酒洛阳城。（《海叟集》卷二）

【注释】

①格君：匡正君王的过失。格，匡正。《孟子·离娄》载“惟大人为能格君心之非。”

②四十无闻：《论语·子罕》载“四十五十而无闻焉，斯亦不

足畏已”。

③儒先：儒生。陈与义《怀天经智老因访之》诗句“西庵禅伯还多病，北栅儒先只固穷”。

酒醒

身居醉乡，便可暂忘世事，所以李白有“但愿沉醉不复醒”的慨叹，但随着酒力退去，人们会逐渐清醒过来。酒醒之后，人们会想些什么，会书写什么，这些都是有趣的文学现象。相比于自悔酒后失言之类常见主题，诗人们笔下对功名失意的叹息，对自适生活的坚定选择，抑或是对酒醒时场景的刻画，更容易产生审美阅读。这既是中国酒不可缺失的一环，也是中国文学（诗学）的有机组成部分。此外，“酒醒”与“独醒”虽然都与“酒”有关，且都有一个“醒”字，但二者间也存在显著区别：酒醒是喝醉之后清醒过来，而独醒则指众人大醉时自己不喝酒；“酒醒”的比喻义不太常用或者说比喻义较少，而“独醒”的比喻义自一开始就非常明显、固定，在后代一直延续，诗题中的“独醒亭”“独醒庵”等就是例证。因为以“独醒”为题的诗作数量较少，且含义固定，也就限制了其文学审美的多样性，所以这里仅以“酒醒”为一类，舍去“独醒”。

白居易《小院酒醒》

白居易写日常生活特别容易引人共情。因为提及“秋簟”，可见炎热并未完全退去，“热衣裳”也就有了落脚处，“好是”也才能衬托出喜悦之情。小院酒醒之时，回味所得之佳眠，自是令人神畅流连。

酒醒闲独步，小院夜深凉。一领新秋簟，三间明月廊。未收残盏杓，初换热衣裳。好是[①]幽眠处，松阴六尺床。（《白氏长庆集》卷五三）

【注释】

①好是：恰是，正是。白居易《夜凉有怀》诗句“好是相亲夜，漏迟天气凉。”

白居易《晚春酒醒寻梦得》

此诗全以虚字挽结，“合”“虽”“定”等字，巧妙地写出诗人的心理动态，与诗题中的“寻”形成了完美的契合。

料合[①]同惆怅，花残酒亦残。醉心忘老易，醒眼别春难。独出虽慵懒，相逢定喜欢。还携小蛮去，试觅老刘看。（《白氏长庆集》卷六六）

【注释】

①料合：料想是，应该是。合，应该。

白居易《饮后夜醒》

这首诗妙在写实。“枕上酒容和睡醒”中特意提到“酒容”之醒，提到了面部表情的控制，可谓有趣之笔。末句写“妄想”之“耳中如有管弦声”，也是常人常见而容易忽略的内容。中唐之后，诗歌向世俗题材转移，白居易是一个重要的考察点。

黄昏饮散归来卧，夜半人扶强起行。枕上酒容和睡醒，楼前海月伴潮生。将归梁燕还重宿，欲灭窗灯却复明。直至晓来犹妄想，耳中如有管弦声。(《白氏长庆集》卷二〇)

元稹《酒醒》

元稹此诗亦有较强的写实意味，但相较于白居易，多了一重世虑尘劳，不够超脱自在。“暗”“寒”两字表达出并不明朗的基调，“未解”“犹倾”表现的不是潇洒，更像是疲惫。

饮醉日将尽，醒时夜已阑。暗灯风焰晓，春席水窗寒。未解萦身带，犹倾坠枕冠。呼儿问狼藉，疑是梦中欢。(《元氏长

庆集》卷一四）

崔道融《酒醒》

崔道融（？—907），自号东瓯散人，荆州江陵（今湖北省江陵县）人。崔诗写酒醒之后的惆怅、凄凉。与其醒来，还不如以“自斟自醉”的方式继续逃入醉乡之中，“打窗深夜雪兼风”虽然意在说明饮酒驱寒之必要，但其中的隐喻也是显而易见的。

酒醒拨剔残灰火，多少凄凉在此中。炉畔自斟还自醉，打窗深夜雪兼风。（《全唐诗》卷七一四）

皮日休《闲夜酒醒》

皮诗所言“孤枕群书里”，实是神来之笔。陆游的“书巢”、苏舜钦的“汉书下酒”在这首小诗中，形成了互文性的阅读体验。

醒来山月高，孤枕群书里。酒渴漫思茶，山童呼不起。（《皮子文薮》卷一〇）

陆龟蒙《和袭美春夕酒醒》

此诗的中心在于“无事”二字，诗人生活在江湖之中，不必再因为庙堂而忧心。醉倒之后再无心事，更有满身花影相伴。隐居、雅意，二美并至。

几年无事傍江湖，醉倒黄公旧酒垆。觉后不知明月上，满身花影倩人扶。（《甫里集》卷一一）

韦庄《江亭酒醒却寄维扬饯客》

韦庄（约 836—910），字端己，京兆杜陵（今陕西省西安市）人，五代时前蜀宰相，晚唐诗人、词人。其诗词风格深婉、清丽。此诗写醒后的寂寞之状，诗中的“绮罗”“红树”“银屏”说明这是一次富贵的宴席。韦词名句之“未老莫还乡”，大概也是缘于对这种生活的流连吧。

别筵人散酒初醒，江步黄昏雨雪零。满坐绮罗皆不见，觉来红树背银屏。（《浣花集》卷四）

苏轼《六月十二日酒醒步月理发而寝》

苏诗写酒醒，不再留意于筵席之华贵，而是写当下之心境。颔联着重写了梳发的细节，这和“饭疏食饮水”一样都是最简单的快乐，苏轼被贬海南岛所作《谪居三适》中就有《旦起理发》一篇。“漫相属”“终无言”，看似不够酣畅，其实在诗人看来，人生的“佳处”正在于“曲肱薤簟”，这种满足只需自我心中充实即可，无须羡慕琼楼玉宇。

羽虫见月争翾翻[①]，我亦散发虚明轩。千梳冷快肌骨醒，风露气入霜蓬根[②]。起舞三人漫相属，停杯一问[③]终无言。曲肱薤簟有佳处，梦觉琼楼空断魂。（《苏轼诗集合注》卷三九）

【注释】

①翾（xuān）翻：翻飞。《说文解字》云“翾，小飞也”。

②霜蓬根：谓白发。

③停杯一问：李白《把酒问月》诗句“我今停杯一问之。”

李觏《丙子冬至夜酒醒》

李觏（1009—1059），字泰伯，盱江（今江西省抚州市）人，世称“盱江先生”，生平见《宋史》卷四三二《儒林传》。这首诗写酒后对仕途失意的感慨，首联写风雨不期，以此隐喻仕途不顺。颈联明确点出“多恨”“欲言”，“上天梯”更是对君门九重的直接感叹。末联以景作结，与首联呼应。

尽道一阳初复[1]时，不期风雨更凄凄。凌晨出去逢人饮，沉醉归来满马泥。多恨恐成干斗气，欲言那得上天梯。（韩文公《月蚀》诗，有“无梯可上天”之句。）灯青火冷睡半醒，残叶打窗乌夜啼。（《李直讲集》卷三七）

【注释】

①一阳初复：指冬至之时阴气尽、阳气出，谓春天来临。

王十朋《夜泊萧山，酒醒梦觉，月色满船，感而有作》

此诗题四字一句，颇有轻爽超脱之状，但诗句却相对沉重，“思故乡”已是一份沉甸甸的情感，“厌逐利名场”更是一种无奈。“长恨此身非我有”的人生旅途中，有“月色满船”相伴，也算是对诗人一种慰藉了。

候届星虚午夜凉[1]，更堪停棹水中央。短篷破处漏明月，归梦断时思故乡。客里未忘诗酒趣，老来厌逐利名场。明朝又向钱塘去，十里西风桂子香。（《梅溪集·前集》卷四）

【注释】

①“候届”句：候届，等到……时候。星虚，星宿名，即玄

武七宿（斗、牛、女、虚、危、室、壁）中的虚宿。《尚书·尧典》载“宵中星虚，以殷仲秋”。

陆游《九月六日小饮醒后作》

陆诗很多主题都有数量可观的诗歌，其饮酒类的诗题极多，而“酒醒”这一主题相对较少。在时局无能之时，诗人无法忘怀“剑”与“侠”的梦想，便只能以“楚狂”为效法对象了。《孟子》曰：“狂者进取，狷者有所不为也。”陆诗“地炉须早计”就是一种“有所不为”的负气之言。

短剑悲秦侠，高歌忆楚狂。酒醒愁衮衮[①]，香冷梦伥伥[②]。屋老垣衣[③]茂，池深石发[④]长。地炉须早计，衰病怯新霜。（《剑南诗稿》卷一三）

【注释】

①衮衮（gǔn gǔn）：连续不断。杜甫《醉时歌》诗句“诸公衮衮登台省。”

②伥伥（chāng chāng）：无所适从的样子。《荀子·修身》云“人无法则伥伥然”。杨倞注“伥伥，无所适貌，言不知所措履”。

③垣（yuán）衣：墙上背阴处所长的苔藓。

④石发：生长在水边石上的苔藓。《初学记》“草部·苔第十六”引周处《风土记》载“石发，水苔也，青绿色，皆生于石也”。

陆游《四鼓酒醒起步庭下》

虽然陆游向往金戈铁马，但寂寞索居是其常态。此诗写酒醒后的庭园，类似于工笔描摹，“蠹叶时自零”尤可见诗人静处之况味。诗人甘于“冥冥”之境其实是无可奈何的选择，“带万钉”和“茅一把”并不矛盾，功成身退是古人最理想的人生规划，只有前者无望时，才会对后者有更深入和执着的坚守。

酒解夜过半，出门步中庭。天高河汉白，月淡烟雾青。重滴竹杪露，疏见树罅星。坏甃啼寒螀，深竹明孤萤。秋晚虽未霜，蠹叶时自零，四序逝不留，慨然感颓龄。平生茅一把，不博带万钉。鸥沟谢拍拍，鸿路追冥冥。（《剑南诗稿》卷二〇）

方回《八月二十日赵西湖携酒，夜醒二更记事》

方回（1227—1307），字万里，号虚谷，徽州歙县（今安徽省黄山市）人。方回是宋元之际的诗学大家，对后世诗学产生了很大影响，著名的“一祖三宗”说就是在其《瀛奎律髓》中提出的。方回论诗有法，创作水平也较高，加之长寿的原因，使他的学说得到了很好的发扬。方回没有“醉时万虑一扫空，醒后纷纷如宿草”的困惑，这种豁达源自对性命之学的体认。首句“天清地静”讲的就是这种状态，七十而从心所欲，诗人年已七十有六，自然“无喜亦无忧”了。

酒醒更深独倚楼，天清地静俯河流。梧桐影转三更月，蟋蟀声催万象秋。自古有生皆有死，即今无喜亦无忧。更著[①]四年当八十，我于人世复何求。(《桐江续集》卷三八)

【注释】

①更著：再加上。陆游《卜算子·咏梅》词句“已是黄昏独自愁，更著风和雨。”

高启《夏夜宿西园，酒醒闻雨二首》

高诗前一首写酒醒怯寒，有“料峭春风吹酒醒，微冷”之意；后一首写梧桐夜雨虽然令人惆怅，但如果身处醉乡，便也无碍了。

飞虫绕烛梦回迟，荷叶齐鸣雨一池。不为素纨[①]犹在手，定疑秋夜乍寒时。

人睡萧萧院落空，未秋愁已怯梧桐。夜长犹幸西轩雨，一半听时在醉中。(《高太史集》卷一七)

【注释】

①素纨：白色的细绢，这里指团扇。班婕妤《怨歌行》诗“新裂齐纨素，皎洁如霜雪。裁为合欢扇，团团似明月”。

下编：酒文

《尚书·酒诰》

《尚书·酒诰》是我国最早的禁酒令，表明了中国先人对于饮酒的态度。全文首先直接说明只有祭祀才能饮酒的规定以及饮酒的害处；其次论述商汤之兴盛在于“不敢自暇自逸”，商纣之衰亡在于“荒腆于酒”；最后宣布违反禁酒令的惩罚——“尽执拘以归于周，予其杀”。全文秩序井然，有温情之教诲，亦有严肃之布告。本文注释之主体采用汉代孔安国传。

王若曰[①]：“明大命于妹邦[②]。乃穆考文王，肇国在西土[③]。厥诰毖庶邦、庶士越少正、御事朝夕曰：‘祀兹酒[④]。’惟天降命，肇我民，惟元祀[⑤]。天降威，我民用大乱丧德，亦罔非酒惟行[⑥]。越小、大邦用丧，亦罔非酒惟辜[⑦]。

“文王诰教小子、有正、有事，无彝酒[⑧]。越庶国饮惟祀，德将无醉[⑨]。惟曰我民迪小子惟土物爱，厥心臧[⑩]。聪听祖考之彝训，越小大德，小子惟一[⑪]。

“妹土，嗣尔股肱，纯其艺黍、稷，奔走事厥考、厥长[⑫]，肇牵车牛，远服贾，用孝养厥父母[⑬]。厥父母庆，自洗腆，致用酒[⑭]。庶士有正越庶伯、君子，其尔典听朕教[⑮]！尔大克羞耇，惟君，尔乃饮食醉饱[⑯]。丕惟曰：尔克永观省，作稽中德[⑰]。尔尚克羞馈祀，尔乃自介用逸[⑱]。兹乃允惟王正事之臣[⑲]，兹亦惟天若元德，永不忘在王家[⑳]。”

王曰："封，我西土棐徂邦君、御事、小子尚克用文王教，不腆于酒[21]，故我至于今，克受殷之命[22]。"

王曰："封，我闻惟曰：'在昔殷先哲王，迪畏天，显小民[23]，经德秉哲。自成汤咸至于帝乙，成王畏相[24]。惟御事厥棐有恭，不敢自暇自逸[25]，矧曰其敢崇饮[26]？越在外服，侯、甸、男、卫、邦伯[27]，越在内服，百僚庶尹、惟亚、惟服、宗工[28]，越百姓、里居[29]，罔敢湎于酒。不惟不敢，亦不暇[30]。惟助成王德显越，尹人祗辟[31]。'

"我闻亦惟曰：'在今后嗣王酣身[32]，厥命罔显于民，祗保越怨，不易[33]。诞惟厥纵，淫泆于非彝，用燕丧威仪，民罔不衋伤心[34]。惟荒腆于酒，不惟自息乃逸[35]，厥心疾很，不克畏死[36]。辜在商邑，越殷国灭无罹[37]。弗惟德馨香祀，登闻于天；诞惟民怨[38]。庶群自酒，腥闻在上。故天降丧于殷，罔爱于殷，惟逸[39]。天非虐，惟民自速辜[40]。'"

王曰："封，予不惟若兹多诰[41]。古人有言曰：'人无于水监，当于民监[42]。'今惟殷坠厥命，我其可不大监，抚于时[43]？

"予惟曰：'汝劼毖殷献臣[44]，侯、甸、男、卫，矧太史友、内史友[45]？越献臣百宗工，矧惟尔事，服休服采[46]？矧惟若畴圻父，薄违农夫[47]？若保宏父定辟，矧汝刚制于酒[48]？'

"厥或诰曰：'群饮。'汝勿佚[49]。尽执拘以归于周，予其杀[50]。又惟殷之迪诸臣惟工，乃湎于酒，勿庸杀之[51]。姑惟教之，有斯明享[52]。乃不用我教辞，惟我一人弗恤，弗蠲乃事，时同于杀[53]。"

王曰："封，汝典听朕毖[54]，勿辩乃司民湎于酒[55]。"

【注释】

①王若曰：即"王曰"，就是"君王这样说"。

②"明大命"句：明，宣布。大命，重大的命令。妹邦，殷商的故土。孔安国传（下文简称"孔传"）："妹，地名，纣所都朝歌以北是。"

③"乃穆考"句：穆考，先父。孔传载"父昭子穆，文王第称穆。将言始国于西土。西土，岐周之政"。肇，创建。

④"厥诰毖"句：孔传载"文王其所告慎众国众士于少正官、御治事吏，朝夕敕之，惟祭祀而用此酒，不常饮"。厥，其，指文王。诰毖，告诫。庶邦，各个诸侯国的君主。庶士，各个诸侯国的官员。少正，副长官。御事，办事员。

⑤"惟天"句：孔传载"惟天下教命，始令我民知作酒者，惟为祭祀"。元，大。

⑥"天降"句：孔传载"天下威罚，使民乱德，亦无非以酒为行者，言酒本为祭祀，亦为乱行"。用，因为。

⑦"越小"句：孔传载"于小大之国所用丧亡，亦无不以酒为罪也"。辜，罪过。

⑧"文王"句：孔传载"小子，民之子孙也。正官治事，谓下群吏。教之皆无常饮酒"。彝，经常。

⑨"越庶"句：孔传载"于所治众国，饮酒惟当因祭祀，以德自将，无令至醉"。越，语辞，于。庶，众多。

⑩“惟曰”句：孔传载“文王化我民教道子孙，惟土地所生之物皆爱惜之，则其心善”。迪，教导。臧，善。

⑪“聪听”句：孔传载“言子孙皆聪听父祖之常教，于小大之人皆念德，则子孙惟专一”。

⑫“妹土”句：孔传载“今往，当使妹土之人继汝股肱之教，为纯一之行。其当勤种黍、稷，奔走事其父兄”。

⑬“肇牵”句：孔传载“农功既毕，始牵车牛，载其所有，求易所无，远行贾卖，用其所得珍异，孝养其父母”。

⑭“厥父”句：孔传载“其父母善子之行，子乃自絜，厚致用酒养也”。腆，丰盛的膳食。洗，洁，指准备。

⑮“庶士”句：孔传曰“众伯、君子、长官、大夫统众士有正者，其汝常听我教，勿违犯”。

⑯“尔大”句：孔传曰“汝大能进老成人之道，则为君矣。如此，汝乃饮食醉饱之道。先戒群吏以听教，次戒康叔以君义”。羞，进也。耇（gǒu），年老，长寿。

⑰“丕惟”句：孔传曰“我大惟教汝曰：汝能长观省古道，为考中正之德，则君道成矣”。丕，大。

⑱“尔尚”句：孔传曰“能考中德，则汝庶几能进馈祀于祖考矣。能进馈祀，则汝乃能自大用逸之道”。介，大。

⑲“兹乃”句：孔传曰“汝能以进老成人为醉饱，考中德为用逸，则此乃信任王者正事之大臣”。允，信、诚。惟，任。

⑳“兹亦”句：孔传曰“言此非但正事之臣，亦惟天顺其大

德而佑之，长不见忘在王家”。

㉑“王曰”句：孔传曰“我文王在西土，辅训往日国君及御治事者、下民子孙，皆庶几能用上教，不厚于酒，言不常饮”。棐，辅也。徂，往也。

㉒“故我”句：孔传曰“以不厚于酒，故我周家至于今能受殷之王命”。

㉓“王曰”句：孔传曰“闻之于古。殷先智王，谓汤。蹈道畏天，明著小民”。

㉔“经德”句：孔传曰“能常德持智。后汤至帝乙，中间之王犹保成其王道，畏敬辅相之臣，不敢为非”。成王，保成王道。畏相，畏而助之。

㉕“惟御”句：孔传曰“惟殷御治事之臣，其辅佐畏相之君，有恭敬之德，不敢自宽暇自逸豫”。

㉖“矧曰”句：孔传曰“崇，聚也。自暇自逸犹不敢，况敢聚会饮酒乎？明无也”。

㉗“越在外”句：孔传曰“于在外国，侯服、甸服、男服、卫服。国伯，诸侯之长。言皆化汤畏相之德”。

㉘“越在内”句：孔传曰“于在内服，治事百官众正，及次大夫，服事尊官，亦不自逸”。

㉙“越百”句：孔传曰“于百官族姓，及卿大夫致仕居田里者”。

㉚“罔敢”句：孔传曰“自外服至里居，皆无敢沉湎于酒。

非徒不敢，志在助君敬法，亦不暇饮酒”。

㉛“惟助”句：孔传曰“所以不暇饮酒，惟助其君成王道，明其德。于正人之道必正身敬法。其身正，不令而行”。尹，正。祗，敬。辟，法。

㉜“我闻”句：孔传曰“嗣王，纣也。酣乐其乐，不忧政事”。

㉝“厥命”句：孔传曰“言纣暴虐，施其政令于民，无显明之德。所敬所安，皆在于怨，不可变易”。

㉞“诞惟”句：孔传曰“纣大惟其纵淫泆于非常，用燕安丧其威仪，民无不衋然痛伤其心”。诞，大。衋（xì），悲伤貌。

㉟“惟荒”句：孔传曰“言纣大厚于酒，昼夜不念自息乃过差”。乃，反而。

㊱“厥心”句：孔传曰“纣疾很其心，不能畏死，言无忌惮”。很，同“狠”。

㊲“辜在”句：孔传曰“纣聚罪人在都邑而任之，于殷国灭亡无忧惧”。

㊳“弗惟”句：孔传曰“纣不念发闻其德，使祀见享升闻于天，大行淫虐，惟为民所怨咎”。

㊴“庶群”句：孔传曰“纣众君臣用酒沉荒，腥秽闻在上天，故天上下丧亡于殷，无爱于殷，惟以纣奢逸故”。

㊵“天非”句：孔传曰“言凡为天所亡，天非虐民，惟民行恶自召罪”。

㊶“王曰”句：孔传曰“我不惟若此多诰汝，我亲行之”。

㊷“古人”句：孔传曰“古贤圣有言：人无于水监，当于民监。视水见己形，视民行事见吉凶”。

㊸“今惟”句：孔传曰“今惟纣无道，坠失天命，我其可不大视此为戒，抚安天下于是?”时，此。

㊹“予惟”句：孔传曰“劼，固也。我惟告汝曰：汝当固慎殷之善臣，信用之”。献，善。

㊺“侯、甸”句：孔传曰“侯、甸、男、卫之国当慎接之，况太史、内兄掌国典法，所宾友乎?”

㊻“越献”句：孔传曰“于善臣百尊官，不可不慎，况汝身事服行美道，服事治民乎?”休，美。采，采邑。

㊼“矧惟”句：孔传曰“圻父，司马。农父，司徒。身事且宜敬慎，况所顺畴咨之司马乎？况能迫回万民之司徒乎？言任大”。

㊽“若保”句：孔传曰“宏，大也。宏父，司空。当顺安之。司马、司徒、司空，列国诸侯三卿，慎择其人而任之，则君道定，况汝刚断于酒乎?”

㊾“厥或”句：孔传曰“其有诰汝曰民群聚饮酒，不用上命，则汝收捕之，勿令失也”。

㊿“尽执”句：孔传曰“尽执拘群饮酒者以归于京师，我其择罪重者而杀之”。

51“又惟”句：孔传曰“又惟殷家蹈恶俗诸臣，惟众官化纣日久，乃沉湎于酒，勿用法杀之”。工，百工，众官员。

㊾“姑惟”句：孔传曰“以其渐染恶俗，故必三申法令，具惟教之，则汝有此明训以享国”。

㊿“乃不”句：孔传曰“汝若忽怠不用我教辞，惟我一人不忧汝，乃不絜汝政事，是汝同于见杀之罪”。蠲，洁。

54“王曰”句：孔传曰“汝当常听念我所慎而笃行之”。典，常。

55“勿辩”句：孔传曰“辩，使也。勿使汝主民之吏湎于酒，言当正身以帅民”。

邹阳《酒赋》

邹阳（约前206—前129），临淄（今山东省淄博市）人，有《上吴王书》《狱中上梁孝王书》等传世，生平见《史记》卷八三《鲁仲连邹阳传》。

清者为酒，浊者为醴；清者圣明，浊者顽騃。皆湑[①]曲丘之麦，酿野田之米。仓风莫预，方金未启。嗟同物而异味，叹殊才而共侍。流光醳醳[②]，甘滋泥泥。醪酿既成，绿瓷既启。且筐[③]且漉，载茜[④]载齐。庶民以为欢，君子以为礼。其品类，则沙洛渌酃，程乡若下[⑤]，高公之清，关中白薄，青渚萦停。凝醳醇酎，千日一醒。哲王临国，绰矣多暇。召皤皤之臣，聚肃肃之宾。安广坐，列雕屏。绡绮为席，犀璩[⑥]为镇[⑦]。曳长裾，飞广袖，奋长缨。英伟之士，莞尔而即之。君王凭玉几，倚玉屏。举手一劳，四座之士，皆若哺梁肉焉。乃纵酒作倡，倾盌覆觞。右曰宫申，旁亦征扬。乐只[8]之深，不吴不狂[9]。于是锡名饵，袪夕醉，遣朝酲。吾君寿亿万岁，常与日月争光。(《西京杂记》卷下）

【注释】

①湑（xǔ）：将酒过滤，使之澄清。《小雅·伐木》诗句“有酒湑我，无酒酤我”。毛传曰“湑，莤之也”。

②醳（yì）：醇酒。《释名》曰“醳，酒久酿，酉泽也”。酉泽，酒熟之色泽也。

③筐：过滤酒渣之用。《小雅·伐木》“酾酒有薁”句，郑笺曰“以筐曰酾，以薮曰湑”。筐，竹器。薮，草也。“且筐”至“载齐”：谓酒由浑浊逐渐过滤为清澄的过程。

④莤：同“缩”，用茅草过滤酒中的渣滓。《左传·僖公四年》载“尔贡包茅不入，王祭不共，无以缩酒”。

⑤程乡若下：程乡，郴州人取程江之水酿酒。若下，若下酒也。唐代李肇《唐国史补》卷下载“酒则有郢州之富水，乌程之若下，荥阳之土窟春，富平之石冻春”。又，《初学记》卷八引晋代张勃《吴录》载“长城若下酒有名。溪南曰上若，北曰下若，并有村。村人取若下水以酿酒，醇美胜云阳”。

⑥犀璩（qú）：用犀牛角制成的一种玉环。《说文新附》曰“璩，环属”。

⑦镇：席镇。古人常常席地而坐，而席子容易卷边和移动，所以会用金属或玉器等压住边角。

⑧乐只：快乐。只，语辞。《小雅·南山有台》载“乐只君子，邦家之基。乐只君子，万寿无期”。

⑨不吴不狂：不大声喧哗，不口出狂言。《周颂·丝衣》曰“不吴不敖”。毛传曰“吴，哗也”。

孔融《与曹操论酒禁疏》

孔融（153—208），字文举，鲁国（今山东省曲阜市）人，孔子二十世孙，东汉末年文学家。《后汉书》卷一〇〇《孔融传》载：“时年饥兵兴，操表制酒禁，融频书争之，多侮慢之辞。”此即本文创作背景。孔融所论多为意气之言，以偏概全，重个人而非社稷，尚性情而忽时务，曹操当然不喜欢这种行为，但仅此还不足以招致杀身之祸，之后孔融论“封建诸侯”之事，曹操“疑其所论建广，益惮之”，这才是孔融自取灭亡的根本原因。

公初当来，邦人咸抃舞踊跃，以望我后。亦既至止[①]，酒禁施行。夫酒之为德久矣。古先哲王，类帝[②]禋宗，和神定人，以济万国。非酒莫以也。故天垂酒星之耀，地列酒泉之郡，人著旨酒之德，尧不千钟，无以建太平；孔非百觚，无以堪上圣[③]。樊哙解厄鸿门，非豕肩钟酒，无以奋其怒；赵之厮养，东迎其王，非引卮酒，无以激其气[4]；高祖非醉斩白蛇，无以畅其灵；景帝非醉幸唐姬，无以开中兴[5]；袁盎非醇醪之力，无以脱其命[6]；定国不酣饮一斛[7]，无以决其法。故郦生以高阳酒徒[8]，著功于汉；屈原不餔糟歠醨，取困于楚。由是观之，酒何负于政哉？（《孔文举集》卷一）

【注释】

①亦既至止：到了之后。止，语辞。《召南·草虫》载“亦既见止，亦既觏止，我心则降。”

②类帝：祭祀天帝。《礼记·王制》曰“天子将出征，类乎上帝”。

③千钟、百觚：《孔从子·儒服第十三》载“尧舜千钟，孔子百觚”。

④“赵之厮养”句：指赵军厮养卒驾车前往燕营救赵王的典故。典出《史记》卷二九《张耳陈馀列传》。

⑤“景帝”句：《史记》卷五九《五宗世家》载“长沙定王发，发之母唐姬，故程姬侍者。景帝召程姬，程姬有所辟，不愿进，而饰侍者唐儿使夜进。上醉，不知，以为程姬而幸之，遂有身。已乃觉非程姬也。及生子，因命曰发”。刘发六世孙刘秀为东汉开国皇帝，故曰“开中兴”。此即“侮慢之辞”也。

⑥“袁盎”句：《史记》卷一〇一《袁盎晁错列传》载“及袁盎使吴见守，从史适为守盎校尉司马，乃悉以其装赍置二石醇醪，会天寒，士卒饥渴，饮酒醉，西南陬卒皆卧，司马夜引袁盎起，

曰：'君可以去矣，吴王期旦日斩君……'杖步行七八里，明，见梁骑，骑驰去，遂归报"。

⑦"定国"句：于定国，汉代狱吏，位至廷尉，主决狱。《汉书》卷七一《于定国传》载"定国食酒，至数石不乱"。

⑧"郦生"句：郦食其，陈留高阳人，自称"高阳酒徒"，事见《史记》卷九七《郦生陆贾列传》。

王粲《酒赋》

王粲（177—217），字仲宣，山阳郡高平县（今山东省微山县）人，"建安七子"之一，官至魏国侍中，明人张溥辑有《王侍中集》。此赋虽然短小且疑似有断缺之处，但内容、体制亦较为完备，全文从酒的起源、功用，写到饮酒之积极意义，用"既无礼而不入，又何事而不因"作为转折，又言及酗酒的害处，曲终奏雅。"暨我中叶"四句，见《艺文类聚》等类书，与王粲《酒赋》同名，但文脉似有断层，姑存此。

帝女仪狄[1]，旨酒是献。苾芬[2]享祀，人神式宴[3]。曲蘖必时，良工从试。辩其五齐，节其三事[4]。醍沉[5]盎泛[6]，清浊各异。章文德于庙堂，协武义于三军。致子弟之孝养，纠骨肉之睦亲。成朋友之欢好，赞[7]交往之主宾。既无礼而不入，又何事而不因。贼功业而败事，毁名行以取诬。遗大耻于载籍，满简帛而见书。

孰不饮而罗兹，罔非酒而惟事[8]。昔在公旦，极兹话言。濡首[9]屡舞[10]，谈易作难。大禹所忌，文王是艰。(《王侍中集》卷一)

暨我中叶，酒流[11]犹多。群庶崇饮，日富月奢。(《艺文类聚》卷七二)

【注释】

①仪狄:《战国策》卷二三《魏二》载“昔者，帝女令仪狄作酒而美，进之禹，禹饮而甘之，遂疏仪狄，绝旨酒。曰:‘后世必有以酒亡其国者。’”

②苾芬:芬芳，指祭品的馨香。《小雅·楚茨》曰“苾芬孝祀，神嗜饮食”。

③式宴:宴饮。《小雅·鹿鸣》诗句“我有旨酒，嘉宾式燕以敖”。

④三事:指六德、六行、六艺。《周礼·地官司徒·大司徒》载“以乡三物教万民，而宾兴之。一曰六德:知、仁、圣、义、忠、和。二曰六行:孝、友、睦、姻、任、恤。三曰六艺:礼、乐、射、御、书、数”。郑玄注“物犹事也。兴犹举也。民三事教成，乡大夫举其贤者能者，以饮酒之礼宾客之”。

⑤醍沉:指五齐中“缇齐”与“沉齐”的合称。《周礼·天官·酒正》载“一曰泛齐，二曰醴齐，三曰盎齐，四曰缇齐，五曰沉齐”。醍，通“缇”。

⑥盎泛:指五齐中“盎齐”与“泛齐”的合称。宋代黄庭坚《送碧香酒用子瞻韵戏赠郑彦能》诗句“浮蛆翁翁杯底滑，坐想

康成论泛盏”。

⑦赞：助。

⑧“孰不”句：谓世人皆饮，惟以饮酒为世事也。

⑨濡首：《周易·未济》载“饮酒濡首，亦不知节也”。

⑩屡舞：《小雅·宾之初筵》诗句“舍其坐迁，屡舞仙仙”。毛传曰“屡，数也”，与上文“濡首”并谓沉湎于酒而不知节制也。

⑪酒流：饮者之流辈。

庾阐《断酒戒》

庾阐（生卒年不详），字仲初，颍川鄢陵（今河南省许昌市鄢陵县）人。《晋书》卷九二《文苑传》载：永嘉末年，庾阐母没之后，“阐不栉沐，不婚宦，绝酒肉垂二十年”。本文采用宾主对话模式，结构颇似赋体。作者认为饮酒“害性”“丧真”，宾曰：“达人畅而不壅，故抑其小节而济大通”，并认为作者其实是“口闭其味，而心驰其听”，作者则以“心静则乐非外唱，乐足则欲无所淫”结束对话，此语虽有严正说教的意味，但事理无爽，极有参考价值。

盖神明智惠，人之所以灵也；好恶情欲，人之所以生也。明智运于常性，好恶安于自然。吾固以穷智之害性，任欲[①]之丧真也。于是椎金罍，碎玉碗。破兕觥，捐觚瓒[②]。遗举白[③]，废引满。使巷无行榼，家无停壶。剖樽折杓，沉炭销炉[4]。屏神州之竹叶，绝缥醪[5]乎华都。言未及尽，有一醉夫，勃然作色曰："盖空桑[6]珍味，始于无情。灵和陶酝，奇液特生。圣贤所美，百代同营。故醴泉[7]涌于上世，悬象[8]焕乎列星。断蛇者以兴霸[9]，折狱者以流声[10]。是以达人畅而不壅，抑其小节而济大通。子独区区，检情自封。无或[11]口闭其味，而心驰其听者乎？"庾生曰："尔不闻先哲之言乎？人生而静，天之性也。感物而动，性之欲也。物之感人无穷，而情之好恶无节，故不见可欲[12]，使心不乱。是以恶迹止步，灭影即阴[13]。形情绝于所托，万感无累乎心。心静则乐非外唱[14]，乐足则欲无所淫。唯味作戒，其道弥深。"宾曰："唯唯，敬承德音。"（《艺文类聚》卷七二"食物部"）

【注释】

①任欲：放纵欲望。

②瓒：古代祭祀时所用的像勺子一样的玉器。《说文解字》曰"瓒，三玉、二石也"。徐锴《系传》曰"谓五分玉之中二分是石。"《大雅·旱麓》诗句"瑟彼玉瓒，黄流在中。"

③举白：指满饮一大杯。《说苑》卷十一《善说》载"魏文侯与大夫饮酒，使公乘不仁为觞政，曰：'饮若不釂者，浮以大白。'文侯饮不尽釂，公乘不仁举白浮君"。

④沉炭销炉：谓销毁温酒所用的炭与酒炉。

⑤缥醪：澄清的精酿之酒。缥，青白色的丝织品。

⑥空桑：中国上古神话中的山名。《山海经·北山经》载"空

桑之山，无草木，冬夏有雪。空桑之水出焉，东流注于虖沱”。

⑦“醴泉”：谓地名之酒泉。

⑧“悬象”：谓天文之酒星。

⑨“断蛇”句：谓刘邦醉而斩白蛇，见《史记·高祖本纪》。

⑩“折狱”句：谓于定国断案平允，饮酒至数石不醉。见《汉书》卷七一《于定国传》。

⑪无或：无乃。

⑫不见可欲：《老子》第三章曰“不见可欲，使民心不乱”。

⑬“是以恶迹”句：《庄子·渔父》载“人有畏影恶迹而去之走者，举足愈数而迹愈多，走愈疾而影不离身。自以为尚迟，疾走不休，绝力而死。不知处阴以休影，处静以息迹，愚亦甚矣！”

⑭唱：即“倡”，引导，引诱。

王绩《醉乡记》

王绩（585—644），字无功，号东皋子，绛州龙门（今山西省河津市）人，隋代大儒王通之弟，有《王无功文集》传世。此文大致分为三段：第一段总写醉乡的地理风俗等特征；第二段写历代与酒有关的重大事件，但追溯起源时带有明显的虚构成分；第三段结尾，写作者对醉乡的赞美。全文酷似《庄子》文风，恢诡谲怪，“因姑射神人以假道”“弃甲子而逃”“怒而升其糟丘”

等，富有想象力和趣味性，表现出作者在以虚写实方面的高超技巧。全文虽写醉乡，但文章的主体却是众人没有到达到醉乡："至其边鄙""失路而道夭""卒不见醉乡""仅与醉乡达焉""遂与醉乡绝"。在作者看来，沉湎于酒和为礼所拘的饮酒都不能到达醉乡，而"淳寂"二字才是到达醉乡的捷径。

醉之乡，去中国不知其几千里也。其土旷然无涯，无丘陵阪险[①]；其气和平一揆[②]，无晦明寒暑；其俗大同，无邑居聚落；其人甚精，无爱憎喜怒，吸风饮露，不食五谷；其寝于于[③]，其行徐徐，与鸟兽鱼鳖杂处，不知有舟车械器之用。

昔者黄帝氏尝获游其都，归而杳然丧其天下[④]，以为结绳之政已薄矣。降及尧舜，作为千钟百壶之献，因姑射神人以假道，盖至其边鄙，终身太平。禹汤立法，礼繁乐杂，数十代与醉乡隔。其臣羲和，弃甲子而逃[⑤]，冀臻其乡，失路而道夭，故天下遂不宁。至乎末孙桀纣，怒而升其糟丘[⑥]，阶级千仞，南向而望，卒不见醉乡。武王得志于世，乃命公旦立酒人氏之职[⑦]，典司五齐，拓土七千里，仅与醉乡达焉，故四十年刑措不用。下逮幽厉，迄乎秦汉，中国丧乱，遂与醉乡绝。而臣下之爱道者往往窃至焉。阮嗣宗、陶渊明等数十人并游于醉乡，没身不返，死葬其壤，中国以为酒仙云。

嗟呼，醉乡氏之俗，岂古华胥[⑧]氏之国乎？何其淳寂也如是！予得游焉，故为之记。(《文苑英华》卷八三三)

【注释】

①阪险:《礼记·月令》载“(孟春之月)命田舍东郊皆修封疆,审端经术,善相丘陵、阪险、原隰土地所宜,五谷所殖,以教道民,必躬亲之”。清代孙希旦集解曰“陂者曰阪,山泽曰险”。

②一揆:一个尺度。《孟子·离娄下》载“地之相去也,千有余里;世之相后也,千有余岁。得志行乎中国,若合符节,先圣后圣,其揆一也”。

③于于:《庄子·应帝王》载“泰氏其卧徐徐,其觉于于。”唐代成玄英疏“于于,自得之貌”。又,白居易《和朝回与王炼师游南山下》诗“兴酣头兀兀,睡觉心于于”。

④杳然丧其天下:《庄子·逍遥游》载“尧治天下之民,平海内之政,往见四子藐姑射之山,汾水之阳,窅然丧其天下焉”。

⑤羲和……弃甲子:羲和,上古神话中的太阳女神,也被称为制定时历的女神,故有“弃甲子”之说。《尚书·尧典》载“乃命羲和,钦若昊天,历象日月星辰,敬授人时”。

⑥桀纣……糟丘:《韩诗外传》卷四载“桀为酒池,可以运舟,糟丘足以望十里,而牛饮者三千人”。

⑦公旦立酒人氏之职:公旦,即周公,姬姓名旦。酒人氏,《周礼·天官·酒人》载“酒人掌为五齐三酒,祭祀则共奉之”。

⑧华胥:上古神话中伏羲和女娲的母亲,相传其国风俗淳朴,无为而治。《列子·黄帝》载“(黄帝)梦游于华之胥国……

其国无帅长，自然而已；其民无嗜欲。自然而已；不知乐生，不知恶死，故无夭殇；不知亲已，不知疏物，故无所爱憎；不知背逆，不知向顺，故无所利害。……”

王绩《五斗先生传》

此文明显模仿陶渊明《五柳先生传》，其妙处在于简洁。“生何足养”“途何为穷”，接连两个反问，便将世间烦恼消除得一干二净。养生之论，代表避世而自修；途穷而哭，代表愤懑和发泄。一向内，一向外。在作者看来，这些都属于主体之有为，有为即有悔，即有烦恼；“昏昏默默”属于无为，无为无欲，则外物不能侵，中心充实矣。

有五斗先生者，以酒德游于人间。有以酒请者，无贵贱皆往，往必醉，醉则不择地斯寝矣，醒则复起饮也。常一饮五斗，因以为号焉。先生绝思虑，寡言语，不知天下之有仁义厚薄也。忽焉而去，倏然而来，其动也天，其静也地，故万物不能萦心焉。尝言曰:“天下大抵可见矣。生何足养，而嵇康著论①；途何为穷，而阮籍恸哭。故昏昏默默，圣人之所居也。”遂行其志，不知所如。(《全唐文》卷一三二)

【注释】

①“生何足养”句：嵇康著有《养生论》，谓养生则可长生，

长生则可至于神仙。

白居易《醉吟先生传》

“醉吟先生”指作者自己，本文也是一篇自传。文章以“醉吟”为题，自然要解释其缘由。在作者看来，“性嗜酒”只是“放则放矣，庸何伤乎?”至于“好利而货殖”“好博弈”“好药”，才是真正应该担忧的。其实还有更重要的担忧作者没有提及，就是热衷于权势富贵。与炙手可热的权势保持距离，醉吟是最好的方式，作者也借此表明自己的仕途心态，避免卷入波涛汹涌的斗争。全文在写法上有一处或可提及的特征，就是故意地自我重复，无论是句式，还是叙事，都会刻意地保持同样的步调，这大概也是简易生活的一种体现。全文三字句的使用也极为出色。

醉吟先生者，忘其姓字、乡里、官爵，忽忽不知吾为谁也。宦游三十载，将老，退居洛下。所居有池五六亩，竹数千竿，乔木数十株，台榭舟桥，具体而微[①]，先生安焉。家虽贫，不至寒馁；年虽老，未及耄。性嗜酒，耽琴淫诗，凡酒徒、琴侣、诗客多与之游。

游之外，栖心释氏，通学小中大乘法，与嵩山僧如满为空门友，平泉客韦楚为山水友，彭城刘梦得为诗友，安定皇甫朗之为酒友。每一相见，欣然忘归，洛城内外，六七十里间，凡观、寺、丘、墅，有泉石花竹者，靡不游；人家有美酒鸣琴者，靡不过；有图书歌舞者，靡不观。自居守洛川洎布衣家，以宴游召者亦时时往。每良辰美景或雪朝月夕，好事者相遇，必为之先拂酒罍，次开诗箧，诗酒既酣，乃自援琴，操宫声，弄《秋思》一遍。若兴发，命家僮调法部丝竹，合奏《霓裳羽衣》一曲。若欢甚，又命小妓歌《杨柳枝》新词十数章。放情自娱，酩酊而后已。往往乘兴，屦及邻，杖于乡，骑游都邑，肩舁[2]适野。舁中置一琴一枕，陶、谢诗书数卷，舁竿左右，悬双酒壶，寻水望山，率情便去，抱琴引酌，兴尽而返。如此者凡十年，其间赋诗约千余首，岁酿酒约数百斛，而十年前后，赋酿者不与焉。

妻孥弟侄虑其过也，或讥之，不应，至于再三，乃曰："凡人之性鲜得中，必有所偏好，吾非中者也。设不幸吾好利而货殖焉，以至于多藏润屋[3]，贾祸危身，奈吾何？设不幸吾好博弈，一掷数万，倾财破产，以至于妻子冻馁，奈吾何？设不幸吾好药，损衣削食，炼铅烧汞，以至于无所成，有所误，奈吾何？今吾幸不好彼而自适于杯觞、讽咏之间，放则放矣，庸何伤乎？不犹愈于好彼三者乎？此刘伯伦所以闻妇言而不听，王无功所以游醉乡而不还也。"遂率子弟，入酒房，环酿瓮，箕踞仰面，长吁太息，曰："吾生天地间，才与行不逮于古人远矣，而富于黔娄[4]，寿于颜回，饱于伯夷，乐于荣启期[5]，健于卫叔宝[6]，幸甚幸甚！余何求哉！若舍吾所好，何以送老？因自吟《咏怀诗》云：

抱琴荣启乐，纵酒刘伶达。

放眼看青山，任头生白发。

不知天地内，更得几年活？

从此到终身，尽为闲日月。

吟罢自哂，揭瓮拨醅，又饮数杯，兀然而醉，既而醉复醒，醒复吟，吟复饮，饮复醉，醉吟相仍若循环然。由是得以梦身世，云富贵⑦，幕席天地，瞬息百年。陶陶然，昏昏然，不知老之将至，古所谓得全于酒者，故自号为醉吟先生。于时开成三年，先生之齿六十有七，须尽白，发半秃，齿双缺，而觞咏之兴犹未衰。顾谓妻子云："今之前，吾适矣，今之后，吾不自知其兴何如？"（《白氏长庆集》卷六一）

【注释】

①具体而微：《孟子·公孙丑上》载"冉牛、闵子、颜渊，则具体而微"。

②肩舁（yú）：用肩膀一起抬。此处指坐轿子。

③润屋：《礼记·大学》载"曾子曰：'富润屋，德润身，心广体胖，故君子必诚其意。'"孔颖达疏"言家若富则能润其屋，有金玉，又华饰见于外也"。

④富于黔娄：《列女传》载"（曾子）曰：'嗟乎，先生之终也！何以为谥？'其妻曰：'以康为谥。'曾子曰：'先生在时，食不充口，衣不盖形。死则手足不敛，旁无酒肉。生不得其美，死不得其荣，何乐于此而谥为康乎？'其妻曰：'昔先生君尝欲授之政，以为国

相，辞而不为，是有余贵也。君尝赐之粟三十钟，先生辞而不受，是有余富也。彼先生者，甘天下之淡味，安天下之卑位。不戚戚于贫贱，不忻忻于富贵。求仁而得仁，求义而得义。其谥为康，不亦宜乎！'”

⑤乐于荣启期：《列子·天瑞》载“孔子游于太山，见荣启期行乎郕之野，鹿裘带索，鼓琴而歌。孔子问曰：'先生所以乐，何也？'对曰：'吾乐甚多：天生万物，唯人为贵，而吾得为人，是一乐也。男女之别，男尊女卑，故以男为贵，吾既得为男矣，是二乐也。人生有不见日月，不免襁褓者，吾既已行年九十矣，是三乐也。贫者，士之常也；死者，人之终也。处常得终，当何忧哉？'孔子曰：'善乎！能自宽者也。'”

⑥健于卫叔宝：卫玠（286—312），字叔宝，古代美男子，然体素多病，有“看杀卫玠”之称。

⑦梦身世，云富贵：视身世如梦，视富贵如云。

柳宗元《序饮》

柳宗元（773—819），字子厚，祖籍河东郡（今山西省运城市）人，世称“柳河东”，“唐宋八大家”之一。全文分为两段，第一段详细记述了作者与友人的饮酒之令，第二段写世间或雅正或放纵的饮酒之状，但在作者看来，这些都不是最好的选择，最理想的状态应该是“简而同，肆而恭，衎衎而从容”。此时作者长期处于被贬谪的环境中，估计很少有“百拜以为礼”的盛大宴会，所以“简而同，肆而恭”才是最契合作者心态的饮酒方式，而第一段着重表现的正是这六个字。因此，本文的理解顺序和行文顺序并不一致，这也是柳宗元古文水平高超的一个体现，后人不断模仿之后，就逐渐失去了新鲜感。

买小丘，一日锄理，二日洗涤，遂置酒溪石上。向之为记所谓牛马之饮者，离坐其背。实觞而流之，接取以饮。乃置监史而令曰：当饮者举筹之十寸者三，逆而投之，能不洄于洑，不止于坻，不沉于底者，过不饮。而洄而止而沉者，饮如筹之数。既或投之，则旋眩滑汩，若舞若跃，速者迟者，去者住者，众皆据石注视，欢抃[①]以助其势。突然而逝，乃得无事。于是或一饮，或再饮。客有娄生图南者，其投之也，一洄一止一沉，独三饮，众大笑欢甚。予病痞[②]，不能食酒，至是醉焉。遂损益其令，以穷日夜而不知归。

吾闻昔之饮酒者，有揖让酬酢，百拜以为礼者[③]；有叫号屡舞，如沸如羹以为极者，有裸裎袒裼[④]以为达者，有资丝竹金石之乐以为和者，有以促数纠逖而为密者，今则举异是焉。故舍百拜而礼，无叫号而极，不袒裼而达，非金石而和，去纠逖[⑤]而密，简而同，肆而恭，衎衎[⑥]而从容，于以合山水之乐，成君子之心，宜也。作《序饮》以贻后之人。（《河东先生集》卷二四）

【注释】

①抃（biàn）：鼓掌。《楚辞·天问》诗句“鳌戴山抃，何以安之。”释注“击手曰抃”。

②痞：胸中懑闷而痛。

③“百拜”句：《礼记·乐记》载“壹献之礼，宾主百拜，终日饮酒而不得醉焉”。

④裸程（chéng）袒裼（xī）：《孟子·公孙丑上》载“尔为尔，我为我，虽袒裼裸程于我侧，尔焉能浼我哉？”

⑤纠逖：督察惩治。《左传·僖公二十八年》载“敬服王命，以绥四国，纠逖王慝。”杜预注“逖，远也；有恶于王者，纠而远之”。

⑥衎衎（kàn kàn）：刚正从容。《易·渐》载“鸿渐于磐，饮食衎衎，吉。”尚秉和注“衎衎，和乐也”。

皮日休《酒箴》

皮日休爱酒，也擅长描写酒事。其《酒病偶作》曰：“郁林步障昼遮明，一炷浓香养病酲。何事晚来还欲饮，隔墙闻卖蛤蜊声。”一首简单的七绝，便将嗜酒之状写得淋漓尽致，若非资深酒徒，大概写不出这么言简意赅、如在目前的酒味酒趣。在《酒箴》中，作者自称的“醉士”“醉民”，是从“士农工商”的“四民”来划分的。因为提到了“山税之余”，所以作者符合“士”的身份；

因为自由往来于湖上，所以称“民”更合适一些。这种称呼，是下文“中性”的一种体现。作者很清楚“淫溺”“酗祸”的危害，也能历数“庆封”“郑伯”“卫侯”等因酒而身败名裂的前车之鉴，但对自称“醉士”“醉民”的作者而言，这些都显得较为遥远，作者不过是一普通人而已，其性情既非“上圣”，亦非“下愚”，只要能够加以节制，不至于“杀身”，就可以了。“将天地至广，不能容醉士、醉民哉?”这句反问，其实是带有桀骜不驯之意的，但作者克制了这种情绪，和众人一样，选择了“中”，这也是《酒箴》中“箴”的立论基础。“宁能醉我，不醉于人”，是说宁可选择自己被酒麻醉，也不选择为他人、他事而喝醉，这种人间清醒，不作高论而自有其美。

皮子性嗜酒，虽行止穷泰，非酒不能适。居襄阳之鹿门山，以山税之余，继日而酿，终年荒醉，自戏曰“醉士”。居襄阳之洞湖，以舶艄载醇酎一甀[①]，往来湖上，遇兴将酌，因自谐曰“醉民”。于戏！吾性至荒，而嗜于此，其亦为圣哲之罪人也。又自戏曰“醉士”，自谐曰“醉民”，将天地至广，不能容醉士、醉民哉？又何必厕丝竹之筵，粉黛之坐也。襄阳元侯闻醉士、醉民之称也，订皮子曰：“子耽饮之性，于喧静岂异耶?”皮子曰：“酒之道，岂止于充口腹、乐悲欢而已哉？甚则化上为淫溺，化下为酗祸。是以圣人节之以酬酢，谕之以诰训。然尚有上为淫溺所化，化为亡国；下为酗祸所化，化为杀身。且不见前世之饮祸耶？路酆舒有五罪，其一嗜酒，为晋所杀[2]。庆封易内而耽饮，则国朝迁[3]。郑伯有窟室而耽饮，终奔于驷氏之甲[4]。栾、高嗜酒而信内，卒败于陈、鲍氏[5]。卫侯饮于籍圃，卒为大夫所恶[6]。呜呼！吾不贤者，性实嗜酒，尚惧为酆舒之僇，过此吾不为也，又焉能俾喧为静乎？俾静为喧乎？不为静中淫溺乎？不为酗祸之波乎？既淫溺酗祸作于心，得不为庆封乎？郑伯乎？栾高乎？卫侯乎？盖中性，不能自节，因箴以自符。”箴曰：

酒之所乐，乐其全真。宁能我醉，不醉于人。（《皮子文薮》卷六）

【注释】

①艏（sù）：扬雄《方言》曰“小舸谓之艖，艖谓之艒艏”。甀：通“担”。

②“路酆舒”句：《左传·宣公十五年》载“晋侯将伐之，诸大夫皆曰：‘不可。酆舒有三俊才，不如待后之人。’伯宗曰：‘必伐之。狄有五罪，俊才虽多，何补焉？不祀，一也。耆酒，二也。弃仲章而夺黎氏地，三也。虐我伯姬，四也。伤其君目，五也。怙其俊才，而不以茂德，滋益罪也。’”

③“庆封”句：《左传·襄公二十八年》载“齐庆封好田而耆酒，与庆舍政，则以其内实迁于卢蒲嫳氏，易内而饮酒”。释注“内实，宝物、妻妾也”。

④“郑伯”句：《左传·襄公三十年》载“郑伯有耆酒，为窟室而夜饮酒，击钟焉，朝至未已，朝者曰：‘公焉在？’其人曰：‘吾

公在壑谷。’皆自朝布路而罢，而朝，则又将使子皙如楚，归而饮酒。庚子，子皙以驷氏之甲伐而焚之，伯有奔雍梁，醒而后知之，遂奔许”。

⑤“栾、高”句：栾、高，齐国贵族，皆出于齐惠公。《左传·昭公十年》载“齐惠栾、高氏皆耆酒，信内多怨，强于陈、鲍氏而恶之。夏，有告陈桓子曰：‘子旗、子良将攻陈、鲍。’亦告鲍氏。桓子授甲而如鲍氏，遭子良醉而骋，遂见文子，则亦授甲矣。使视二子，则皆将饮酒。桓子曰：‘彼虽不信，闻我授甲，则必逐我。及其饮酒也，先伐诸?’陈、鲍方睦，遂伐栾、高氏”。

⑥“卫侯”句：《左传·哀公二十五年》载“卫侯为灵台于藉圃，与诸大夫饮酒焉。褚师声子袜而登席，公怒，辞曰：‘臣有疾，异于人’……”

苏轼《酒隐赋》(并序)

朱熹说隐者大都是“带性负气”之人，但这种隐居都是“小隐”，而非“大隐”，大隐应该是“不择山林，而能避世”的。赋中批评了两种人物：不懂得功成身退者，过于狷介守信者。前者徇于利，而后者徇于名，皆非通达之人。作者还否定了借酣饮以“排意”而胸中实非洞然者，认为他们并未真正解脱。凤阳逸人抛弃了山林小隐而隐于仕途之中，万物无逆于心，自由豁达而无思虑萦心，这才是苏轼赞美的真正的“酒隐”。

凤山之阳，有逸人焉，以酒自晦。久之，士大夫知其名，谓之酒隐君，目其居曰酒隐堂，从而歌咏者不可胜纪。隐者患其名之著也，于是投迹仕途，即以混世，官于合肥郡之舒城。尝与游，因与作赋，归书其堂云。

世事悠悠，浮云聚沤，昔是浚壑，今为崇丘。眇万事于一瞬，孰能兼忘而独游？爰有达人，泛观天地，不择山林，而能避世[①]。引壶觞以自娱，期隐身于一醉。且曰封侯万里，赐璧一双[②]，从使秦帝，横令楚王。飞鸟已尽，弯弓不藏，至于血刃膏鼎，家夷族亡。与夫洗耳颍尾[③]，食薇首阳，抱信秋溺，徇名立僵，臧谷之异，尚同归于亡羊[④]。于是笑蹑糟丘，揖精立粕，酣羲皇之真味，反太初之至乐，烹混沌以调羹，竭沧溟而反爵，邀同归而无徒，每踌躇而自酌。若乃池边倒载[⑤]，瓮下高眠，背后持锸[⑥]，杖头挂钱[⑦]，遇故人而腐胁[⑧]，逢曲车而流涎[⑨]，暂托物以排意，岂胸中而洞然？使其推虚破梦，则扰扰万绪起矣，乌足以名世而称贤者邪？（《历代赋汇·外集》卷一三）

【注释】

①不择山林，而能避世:《史记》卷一二六《东方朔传》载“陆沉于俗，避世金马门。宫殿中可以避世全身，何必深山之中？”

②赐璧一双:《史记》卷七六《平原君虞卿列传》载“虞卿者，游说之士也。蹑蹻担簦说赵孝成王，一见，赐黄金百镒，白璧一双”。

③洗耳颍尾:《高士传·许由》载“(由)于是遁耕于中岳颍水之阳，箕山之下，终身无经天下色。尧又召为九州长，由不欲闻之，洗耳于颍水滨。时其友巢父牵犊欲饮之，见由洗耳，问其故。对曰:‘尧欲召我为九州长，恶闻其声，是故洗耳。’巢父曰:‘子若处高岸深谷，人道不通，谁能见子。子故浮游，欲闻求其名誉，污吾犊口。’牵犊上流饮之”。

④“臧谷”句:《庄子·骈拇》载“臧与谷二人，相与牧羊而俱亡其羊，问臧奚事，则挟筴读书，问谷奚事，则博塞以游。二人者，事业不同，其于亡羊，均也”。

⑤池边倒载:《世说新语·任诞》载“山季伦为荆州，时出酣畅，人为之歌曰:‘山公时一醉，径造高阳池。日莫倒载归，酩酊无所知。复能乘骏马，倒著白接䍦。’”

⑥背后持锸:《晋书》卷四九《刘伶传》载“常乘鹿车，携一壶酒，使人荷锸而随之，谓曰:‘死便埋我。’”

⑦杖头挂钱:《世说新语·任诞》载“阮宣子常步行，以百钱挂杖头，至酒店便独酣畅，虽当世贵盛，不肯诣也”。

⑧腐胁:《晋书》卷六九《周𫖮传》载“𫖮在中朝时，能饮酒一石，及过江，虽日醉，每称无对。偶有旧对从北来，𫖮遇之欣然，乃出酒二石共饮，各大醉。及𫖮醒，使视客，已腐胁而死”。

⑨“逢曲车”句：杜甫《饮中八仙歌》诗句“汝阳三斗始朝天，道逢曲车口流涎，恨不移封向酒泉”。

苏轼《浊醪有妙理赋》

“浊醪有妙理”，句出杜甫《晦日寻崔戢李封》。苏轼此赋主要论“妙理”之所在，通过对历代饮者的分析，得出了“妙理”的核心内容：“内全其天，外寓于酒。”只要“内全其天”，王式之褊，杨恽之狭，王敦之狂，便都可解除，从而达到与“此君独游万物之表”的境界。饮酒之妙理，无过乎此也。全文在思想和文风上都与道家极为接近，然而不高谈，不猎奇，纡徐从容而又狂放恣肆，是饮酒文中的上乘之作。本文是一篇律赋，以“神圣功用，无捷于酒”为韵。

酒勿嫌浊，人当取醇。失忧心于昨梦，信妙理之凝神。浑盎盎以无声，始从味入。杳冥冥其似道，径得天真。伊人之生，以酒为命。常因既醉之适，方识此心之正。稻米无知，岂解穷理？曲糵有毒，安能发性？乃知神物之自然，盖与天工而相并。得时行道，我则师齐相之饮醇[①]。远害全身，我则学徐公之中圣。湛若秋露，穆如春风。疑宿云之解驳，漏朝日之暾红。初体粟之失去，旋眼花之扫空。酷爱孟生，知其中之有趣[②]。犹嫌白老，不颂德而言功[③]。兀尔坐忘，浩然天纵。如如不动而体无碍，了了常知而心不用。座中客满[④]，惟忧百榼之空。身后名轻，但觉一杯之重[⑤]。今夫明月之珠，不可以襦。夜光之璧，不可以铺。刍豢饱我，而不我觉。布帛燠我，而不我娱。惟此君独游万物之表，盖天下不可一日而无。在醉常醒，孰是狂人之药？得意忘味，始知至道之腴。又何必一石亦醉，罔间州间。五斗解酲，不问妻妾。结袜庭中[⑥]，观廷尉之度量。脱鞾殿上，夸谪仙之敏捷。阳醉逿地，常陋王式之褊[⑦]。歌呜仰天，每饥杨恽之狭[⑧]。我欲眠而君且去，有客何嫌？人皆劝而我不闻[⑨]，其谁敢接？殊不知人之齐圣，匪昏之如[⑩]。古者晤语，必旅之于[⑪]。独醒者汨罗之道也，屡舞者高阳之徒欤！恶蒋济而射木人，又何涓浅[⑫]；杀王敦而取金印，亦自狂疏[⑬]。故我内全其天，外寓于酒。浊者以饮吾仆，清者以酌吾友。吾方耕于渺莽之野，而汲于清冷之渊，以酿此醪，然后举窪樽而属予口。(《历代赋汇》卷一〇〇)

【注释】

①齐相饮醇：谓齐国丞相曹参，为政一仍萧何之规，日与宾客饮酒而已。

②“孟生”句：《晋书》卷九八《孟嘉传》载，嘉为桓温参军，“好酣饮，愈多不乱。温问嘉：‘酒有何好，而卿嗜之？’嘉曰：‘公未得酒中趣耳。’”

③“犹嫌”句：指白居易《酒功赞》。

④座中客满：《后汉书》卷一〇〇《孔融传》载“(融)常叹曰：‘坐上客桓满，尊中酒不空，吾无忧矣。’”

⑤“身后”句：《世说新语·任诞》载“张季鹰纵任不拘，时人号为江东步兵，或谓之曰：‘卿乃可纵适一时，独不为身后名邪？’答曰：‘使我有身后名，不如即时一杯酒。’”张翰，字季鹰。

⑥“结袜庭中”句:《汉书》卷五〇《张释之传》载“王生者,善为黄老言,处士。尝召居廷中,公卿尽会立,王生老人,曰‘吾袜解’,顾谓释之:‘为我结袜!’释之跪而结之”。

⑦“阳醉遏地”句:《汉书》卷八八《王式传》载“江翁曰:‘经何以言之?’式曰:‘在《曲礼》。’江翁曰:‘何狗曲也!’式耻之,阳醉遏地。式客罢,让诸生曰:‘我本不欲来,诸生强劝我,竟为竖子所辱!’遂谢病免归,终于家”。遏:颜师古注“失据而倒也”。

⑧“歌呜仰天”句:《汉书》卷六六《杨恽传》载“家本秦也,能为秦声。妇,赵女也,雅善鼓瑟。奴婢歌者数人,酒后耳热,仰天抚缶而呼乌乌”。

⑨人皆劝而我不闻:韩愈《醉赠张秘书》诗“人皆劝我酒,我若耳不闻。今日到君家,呼酒持劝君”。

⑩“殊不知”句:人之齐圣,《小雅·小宛》曰“人之齐圣,饮酒温克”。“匪昏之如”,谓饮酒止于温克,非至于昏也。

⑪“古者”句:谓古人晤语对谈之时,必当饮酒也。

⑫“恶蒋济”句:《三国志》卷二三《常林传》裴松之注“时苗,字德胄。……时蒋济为治中,苗以初至往谒济,济素嗜酒,适会其醉,不能见苗。苗恚恨还,刻木为人,署曰‘酒徒蒋济’,置之墙下,旦夕射之”。

⑬“杀王敦”句:《晋书》卷六九《周颉传》载“初,敦之举兵也,刘隗劝帝尽除诸王,司空导率群从诣阙请罪,值颉将入,导

呼顗谓曰:'伯仁，以百口累卿!'顗直入不顾。既见帝，言导忠诚，申救甚至，帝纳其言。顗喜饮酒，致醉而出。导犹在门，又呼顗。顗不与言，顾左右曰:'今年杀诸贼奴，取金印如斗大系肘。'既出，又上表明导，言甚切至。导不知救己，而甚衔之"。司空导，王导也。

秦观《清和先生传》

秦观(1049—1100)，字太虚，一字少游，高邮人，世称"淮海先生"，"苏门四学士"之一。本篇写法仿效韩愈《毛颖传》，在细节处理上非常生动，前后叙事虽与史实不尽相合，但自然妥帖，使人流连而忘返。作者以"清和"论酒，亦以此处世。文末借"太史公"论饮酒之美，认为可以"使布衣寒士而忘其穷"，其实也融入了自身被贬谪的心态。作者希望以"清和"处世，但在面对人生困境时，终究不如他的老师苏轼那般旷达。秦观写《清和先生传》时，以自身为原型，但读者心中的"清和先生"却更像苏轼。

清和先生，姓甘，名液，字子美。其先本出于后稷氏，有粒食之功，其后播弃，或居于野，遂为田氏。田为大族，布于天下。至夏末世衰，有神农之后，利其资，率其徒，往俘于田而归，其倔强不降者，与强而不释甲者，皆为城旦舂[①]，赖公孙杵臼审其轻重，不尽碎其族，徙之陈仓，与麦氏谷氏邻居，其轻者犹为白粲，与鬼薪杵已而逃乎河内，又移于曲沃，曲沃之民悉化焉。曲沃之地近于甘，古甘公之邑也，故先生之生以甘为氏，始居于曹，受封于郑。及长，器度汪汪，澄之不清，挠之不浊[2]，有酝藉涵泳经籍百家诸子之言，无不滥觞。孟子称“伯夷清，下惠和”，先生自谓“不夷不惠，居二者之间而兼有其德”，因自号曰“清和先生”云，士大夫喜与之游，诗歌曲引，往往称道之，至于牛童、马卒、闾巷倡优之口，莫不羡之，以是名渐彻于天子。（天子）一（旦）召见，与语竟日，上熟味其旨，爱其淳正，可以镇浇薄之徒，不觉膝之前席，自是屡见于上，虽郊庙祠祀之礼，先生无不预其选，素与金城贾氏及玉卮子善，上皆礼之，每召见先生，有司不请而以二子俱见，上不以为疑，或为之作乐，盛馔以待之。欢甚，至于头汲杯案。先生既见宠遇，子孙支庶出为郡国二千石者，往往皆是。至于十室之邑，百人之聚，先生之族无不在焉，昔最著闻者，中山、宜城、溢浦，皆良子弟也。然皆好宾客，所居冠盖骈集，宾客号呶出入无节，交易之人，所在委积。由是上疑其浊，小人或乘间以贿入，欲以逢上意而取宠。一日，上问先生曰：“君门如市，何也?”对曰：“臣门如市，臣心如水[3]。”上曰：“清和先生，今乃信为清和矣。”益厚遇之。由是士大夫愈从先生游，乡党宾友之会，咸曰：“无甘公而不乐。”既至，则一坐尽倾[4]，莫不注揖。然先生遇事多不自持，以待人斟酌而后行，尝自称：“沽之哉，沽之哉，我待价者也[5]。”人或召之，不问贵贱，至于斗筲之量，挈瓶之智[6]，或虚已来者，从之如流。布衣寒士，一与之遇，如挟纩。惟不喜释氏，而僧之徒好先生者，亦窃与先生游焉。至于学道隐居之士，多喜见先生以自晦，然先生爱移人性情，激发其胆气，解释其忧愤，可谓“能令公喜，能令公怒”[7]者邪？王公卿士，如灌夫、季布[8]、桓彬[9]、李景俭[10]之徒，坐与先生为党而被罪者，不可胜数。其相欢而奉先生者，或至于破家败产而不悔，以是礼法之士疾之如仇。如丞相朱子元[11]，执金吾刘文叔[12]、郭解[13]、长孙澄皆不悦，未常与先生语。时又以其士行或久，多中道而变，不承于初，咸毁之曰：“甘氏孽子，始以诈得，终当以诈败矣。”或有言先生“性不自持，无大臣辅政之体，置之左右，未尝有沃心之益，或虞以虚闲废事”，上由此亦渐疏之，会徐邈称先生为圣人，上恶其朋比，大怒，遂命有司以光禄大夫秩，就封（于楚，非）宗庙祭祀未尝见。遂终于郑，仕于郡国者，皆不夺其官。

初，先生既失宠，其交流往往谢绝，甚者至于毁弃素行以卖直自售，惟吏部尚书毕卓，北海相孔融，彭城刘伯伦笃好如旧。融尝上书，辨先生之无罪，上益怒，融由此亦得罪，而伦又为之颂。与当世为有，故不著。今掇其行事大要者著于篇。

太史公曰：“先生之名见于《诗》《书》者多矣，而未有至公之论也。誉之者美逾其实，毁之者恶溢其真。若先生激发壮气，解释忧愤，使布衣寒士乐而忘其穷，不亦薰然慈仁君子之政欤？至久而多变，此亦中贤之疵也。孔子称有始有卒者[14]，其惟圣人

乎？先生何诛焉？予尝过中山，慨然想先生之风声，恨不及见也。乃为之传以记。”（《淮海集·后集》卷六）

【注释】

①城旦舂：与下文的白粲、鬼薪皆为古代较轻的刑罚。《汉书》卷二《惠帝纪》载“上造以上，及内外公孙耳孙，有罪当刑，及当为城旦、舂者，皆耐为鬼薪、白粲。”应劭曰“城旦者，旦起行治城。舂者，妇人不御外徭，但舂作米，皆四岁刑也，今皆就。鬼薪、白粲：取薪给宗庙，为鬼薪；坐择米，使正白，为白粲。皆三岁刑也”。

②澄之不清，挠之不浊：《后汉书》卷九八《郭太传》载“叔度之器，汪汪若千顷之陂，澄之不清，挠之不浊，不可量也”。

③臣门如市，臣心如水：《汉书》卷七七《郑崇传》载“尚书令赵昌佞谄，素害崇，知其见疏，因奏崇与宗族通，疑有奸，请治。上责崇曰：‘君门如市人，何以欲禁切主上？’崇对曰：‘臣门如市，臣心如水。愿得考覆。’”

④一坐尽倾：《史记》卷一一七《司马相如列传》载“临邛令不敢尝食，自往迎相如。相如不得已，强往，一坐尽倾”。《汉书》本传颜师古注曰“皆倾慕其风采也”。

⑤“沽之哉”三句：见《论语·子罕》。

⑥挈瓶之智：智谋浅薄的人。挈瓶，用来汲水的容量浅小的瓶子。《左传·昭公七年》载“人有言曰：‘虽有挈瓶之知，守不假器，礼也。’”

⑦“能令公喜”句:《世说新语·宠礼》载“王珣、郗超,并有奇才,为大司马所眷拔,珣为主簿,超为记室参军。超为人多须,珣状短小。于时荆州为之语曰:‘髯参军,短主簿,能令公喜,能令公怒。’”

⑧季布:《史记》卷一〇〇《季布列传》载“季布为河东守,孝文时,人有言其贤者,孝文召,欲以为御史大夫。复有言其勇,使酒难近。至,留邸一月,见罢”。

⑨桓彬:《后汉书》卷六七《桓彬传》:“时中常侍曹节女壻冯方亦为郎,彬厉志操,与左丞刘歆、右丞杜希同好交善,未尝与方共酒食之会,方深怨之,遂章言彬等为酒党”。

⑩李景俭:《旧唐书》卷一七一《李景俭传》载“性既矜诞,宠擢之后,凌蔑公卿大臣,使酒尤甚。中丞萧俛、学士段文昌相次辅政,景俭轻之,形于谈谑。二人俱诉之,穆宗不获已,贬之”。

⑪朱子元:《汉书》卷八三《朱博传》载“博为人廉俭,不好酒色”。朱博,字子元。

⑫刘文叔:《后汉书》卷四七《冯异传》载“自伯升之败,光武不敢显其悲戚,每独居,则不御酒肉”。光武帝刘秀,字文叔。伯升,刘秀之兄。

⑬郭解:《史记》卷一二四《游侠传》载“解为人短小精悍,不饮酒”。

⑭“有始有卒”句:见《论语·子张》。

唐庚《陆谓传》

唐庚（1070—1120），字子西，眉州丹棱（今属四川）人，因其诗文成就皆高，且遭际与苏轼相近，人号“小东坡”。有《眉州唐先生集》，生平见《宋史》卷四三三。此文篇幅较短，没有像秦观《清和先生传》那样对传主的生平进行详细的介绍，而是将主体放在友人上疏，尤其是“全身保家，治国安天下”方面，借以说明饮酒的正面意义。全文以职官为主线，在细节处理上亦严谨妥帖，所言曲城、太常、主爵都尉、醴泉侯等都与酒有关，逻辑清晰合理，语言欹正相间。在众多相似题材中能够推陈出新，洵为不易。

陆谓，曲城人，少与壶子、商君相友善，约先贵无相忘。已而壶子任太常，商君主爵都尉，通显矣，而谓方辟青州为从事。

壶、商上疏曰：“臣等无状，蒙陛下器使[①]，待罪九卿，自非得天下贤圣与之同升，则非但无以副陛下倾渴，而臣等亦自不满。臣友曲城陆谓者，举世莫能测其为人：以为刚，则又无虐；以为柔，又有立。文雅酝藉，号为醇儒。至论全身、保家、治国、安天下，则又似谋臣策士，往时袁盎相吴，王骄日久，数陷害二千石。盎用其兄子种计，与谓厚善，卒赖其力，得脱虎口以归。此全身之道也。吕太后时，群臣动见覆族，吕须谗陈平曰：‘平为相，非治事，专从谓，戏妇女。’后闻之，私独喜[2]，而平得以全其宗，此保家之效也。河间修德为仁义[3]，天子不悦，王惧，日命谓作乐而河间幸无他，此治国之效也。曹参为相国，宾客以百数，参悉谢去，独召谓问计，连日夜语不厌，相事几废，而民间作‘画一’之歌[4]，此安天下之效也。臣闻王者尊有德，敬有功，今谓既贤圣而上自朝廷郊庙燕享，下至田里冠昏聚会，谓未尝不在其间，功效不为后人，而位青州从事簿，空置臣等亡益。”

上从其言，遣壶子持节召谓，至，见上欢甚。是日拜谓光禄勋，顷之，封醴泉侯，食千户。谓叹曰：“生我者天地，成我者壶商也。”二人既荐谓，以身下之，然上每念谓，辄并召二人。谓卒，谥懿侯，子醇嗣。至曾孙漓，不肖，以罪废，国除。谓既没，二人亦疏斥屏居，不复召用云。

太史公曰：汉兴，陆贾以辨说游公卿间，名声籍甚，为太中大夫，以寿终。而谓复以德业位九卿，赐爵侯，传国数世。陆氏之先，岂有天禄[5]哉？（《唐先生文集》卷一〇）

【注释】

①器使：重用。董仲舒《春秋繁露·离合根》载“为人臣常竭情悉力而见其短长，使主上得而器使之”。

②“吕须谗陈平”句：《史记》卷五六《陈丞相世家》载“吕媭常以前陈平为高帝谋执樊哙，数谗曰：‘陈平为相非治事，日饮醇酒，戏妇女。’陈平闻，日益甚。吕太后闻之，私独喜”。

明·孙克弘 《销闲清课图卷》(局部)

汝陽三斗
始朝天道
逢麴車口
流涎恨不
移封向酒
泉

旧传元·任仁发 《饮中八仙图卷》(局部)

宋·马远 《月下把杯图》

③“河间”句:《史记》卷五九《五宗世家》之“河间献王”下，裴骃《集解》引《汉名臣奏》曰“孝武帝时，献王朝，被服造次必于仁义，问以五策，献王辄对无穷。孝武帝艴然难之，谓献王：‘汤以七十里，文王百里，王其勉之。’王知其意，归即纵酒听乐，因以终”。

④“画一”之歌:《汉书》卷八九《循吏列传》载“相国萧、曹以宽厚清静为天下帅，民作画一之歌”。颜师古注“谓歌曰：‘萧何为法，讲若画一。曹参代之，守而勿失。’”

⑤天禄：此语双关，即酒也。

袁宏道《觞政·序》

袁宏道用“政”字为其文章命名，显得煞有介事，不无诙谐之意，但这也反映出作者对此事的重视，就像陶渊明《归去来兮辞》中“或命巾车”的“命”字一样，都是生活在自己的精神王国之中。本篇序文中的“提衡”“酒宪”“甲令”等，都可作如是解。首句用“不能一蕉叶”形容自己酒户狭小，开篇便有尘外之趣，这说明《觞政》中的与饮之人皆为君子，而非酒囊饭袋之徒。

余饮不能一蕉叶[①]，每闻垆声，辄踊跃。遇酒客与留连，饮不竟夜不休。非久相狎者，不知余之无酒肠也。社中近饶饮徒，而觞容不习，大觉卤莽。夫提衡[②]糟丘，而酒宪不修，是亦令长

之责也。今采古科之简正者，附以新条，名曰《觞政》。凡为饮客者，各收一帙，亦醉乡之甲令[3]也。(《袁中郎集》卷一四)

【注释】

①蕉叶：一种浅底酒杯，容量不大。宋代佚名《锦绣万花谷·前集》卷三五引《东坡志林》载“东坡云：吾兄子明饮酒不过三蕉叶，吾少时望见酒盏而醉，今亦能三蕉叶矣”。

②提衡：用秤称物，定其轻重。《管子·轻重乙》载“则是寡人之国，五分而不能操其二，是有万乘之号而无千乘之用也，以是与天子提衡争秩于诸侯，为之有道乎?”

③甲令：第一道命令，指重要的法令。《汉书·韩信彭越等传赞》载“唯吴芮之起，不失正道，故能传号五世，以无嗣绝。庆流支庶，有以矣夫，著于甲令而称忠也。”颜师古注“甲者，令篇之次也”。

袁宏道《觞政·徒》

《世说新语》记载，谢奕硬拉桓温饮酒，桓温逃席后，谢奕拉着桓温的一名士兵共饮，曰：“失一老兵，得一老兵，亦何所怪。”谢奕看似对酒徒的要求不高，但这话显然是有些情绪在里面。所谓“酒逢知己千杯少”，遇到情意相投的朋友，“一举累十觞”也是常有的状态。袁宏道所罗列的十二类酒徒，并非酒量大就行，其需要频繁互动而又斯文优雅。

酒徒之选，十有二：款[1]于词而不佞者，柔于气而不靡者，无物为令而不涉重[2]者，令行而四座踊跃飞动者，闻令即解不再问者，善雅谑者，持曲尊而不分诉者，当杯不议酒者，飞斝腾觚而仪不愆者，宁酣沉而不倾泼者，分题能赋者，不胜杯杓而长夜兴勃勃者[3]。（《袁中郎集》卷一四）

【注释】

①款：真诚、诚恳。

②重：重复。

③“不胜”句：此类酒徒指作者自己。

刘宗周《学戒四箴·酒箴》

刘宗周（1578—1645），字起东，浙江绍兴人，世称“蕺山先生”，明末理学家。刘氏痛陈时政，弹劾马士英、阮大铖。杭州失守后，绝食而死。本文论礼讲德，主在劝诫，言之谆谆，诲人不倦，是典型的理学家之文，与皮日休《酒箴》中的豁达自适大不相同。

翼翼圣修，靖恭朝夕。豢口维旨，曰疏仪狄。一献[1]之礼，百拜终席。宾主孔嘉，令仪令色[2]。傲述竹林，五斗一石。匪疢厥躬，亦沉神室[3]。矧予小子，三爵不识。谑浪笑傲，百尔罔极。

为贪为嗔，或为淫慝。绝囮[④]去媒，登先授贼[⑤]。元水在御，齐明有赫。懿哉初筵，卫武之德。(《刘子全书》卷二三)

【注释】

①一献：古代祭祀或宴饮时进酒一次称为一献。《仪礼·士昏礼》载“舅姑共飨妇，以一献之礼”。贾公彦疏“舅献姑酬，共成一献”。

②令仪令色：美好的容仪，和悦的脸色。《小雅·湛露》载“其桐其椅，其实离离。岂弟君子，莫不令仪。”孔颖达疏“虽得王之燕礼，饮酒不至于醉。莫不善其威仪，令可观望也”。

③亦沉神室：也会让心智昏迷。神室，指心智。

④囮（é）：鸟媒。原指捕鸟时用以引诱其他鸟的媒鸟，这里指酒可以引发各种不好的行为。

⑤授贼：原指授予贼人，程大昌《雍录》卷五载“殿下若入蜀，则中原之地拱手授贼矣”。详此文意，或谓授贼人之首（降）也。

蒲松龄《酒人赋》

蒲松龄（1640—1715），字留仙，别号柳泉居士，济南府淄川（今山东省淄博市）人，清代著名文学家。此赋主要写“酒人”，全文分两部分：第一部分写古代好饮之名士，如淳于髡、王绩、孟嘉、刘伶、山涛、阮籍、陶渊明、张旭、贺知章、毕卓、苏舜钦等；第二部分写世人饮酒之群相，刻画细腻，时出诙谐，是本文最精彩的部分。比如：“涓滴忿争，势将投刃”，写鲁莽之人，饮酒使气；“伸颈攒眉，引杯若鸩”，又将户小之辈的饮酒压力描摹得神态毕现。文末写醒酒之术，亦令人绝倒：不以药除，不以酒解，亦非酣睡，乃“只须一梃”！虽是轻描淡写，恐怕嗜酒之徒读罢也会惊出一身冷汗。

有一物焉，陶情适口；饮之则醺醺腾腾，厥名为“酒”。其名最多，为功已久：以宴嘉宾，以速父舅，以促膝而为欢，以合卺而成偶；或以为“钓诗钩”，又以为“扫愁帚”。故曲生频来，则骚客之金兰友；醉乡深处，则愁人之逋逃薮。糟丘之台既成，鸱夷之功不朽。齐臣遂能一石，学士亦称五斗。则酒固以人传，而人或以酒丑。若夫落帽之孟嘉，荷锸之伯伦，山公之倒其接䍦，彭泽之漉以葛巾。酣眠乎美人之侧也，或察其无心；濡首于墨汁之中也[1]，自以为有神。井底卧乘船之士，槽边缚珥玉之臣[2]。甚至效鳖囚[3]而玩世，亦犹非害物而不仁。

至如雨宵雪夜，月旦花晨，风定尘短，客旧妓新，履舄交错，兰麝香沉，细批薄抹，低唱浅斟；忽清商兮一奏，则寂若兮无人。雅谑则飞花粲齿，高吟则戛玉敲金。总陶然而大醉，亦魂清而梦真。果尔，即一朝一醉，当亦名教之所不嗔。尔乃嘈杂不韵，俚词并进；坐起欢哗，呶呶成阵。涓滴忿争，势将投刃；伸颈攒眉，引杯若鸩；倾渖碎觥，拂灯灭烬。绿醑葡萄，狼藉不靳；病叶狂花[4]，觞政所禁。如此情怀，不如勿饮。又有酒隔咽喉，间不盈寸；呐呐呢呢，犹讥主吝。坐不言行，饮复不任：酒客无品，于斯为甚。甚有狂药下，客气粗；努石棱，磔鬤须；袒两臂，跃双趺[5]。尘蒙蒙兮满面，哇浪浪兮沾裾；口狺狺兮乱吠，发蓬蓬兮若奴。其吁地而呼天也，似李郎之呕其肝脏[6]；其扬手而掷足也，如苏相之裂于牛车[7]。舌底生莲者，不能穷其状；灯前取影者，不能为之图。父母前而受忤，妻子弱而难扶。或以父执之良友，无端而受骂于灌夫。婉言以警，倍益眩瞑。此名酒凶，不可救拯。惟有一术，可以解酩。厥术维何？只须一梃。絷其手足，与斩豕等。止困其臀，勿伤其顶；捶至百余，豁然顿醒。(《聊斋志异》卷七《八大王》)

【注释】

①"濡首"句：指张旭醉中以头发蘸墨而书。《太平广记》卷二〇八引李肇《唐国史补》曰"(张旭)饮醉辄草书，挥笔大叫。以头揾水墨中而书之，天下呼为'张颠'。醒后自视，以为神异，不可复得"。《新唐书》卷二百二《李白传》亦有类似记载。

②"槽边"句：指东晋时毕卓偷酒被缚一事，毕卓时任吏部郎。吏部，属尚书省。珥玉，尚书冠上插戴的玉制首饰。

③鳖囚：谓鳖饮、囚饮。宋代张舜民《画墁录》载"苏舜钦、石延年辈有名曰鬼饮、了饮、囚饮、鳖饮、籍饮。鬼饮者，夜不以烧烛。了饮者，饮次挽歌，哭泣而饮。囚饮者，露顶围坐。鳖饮者，以毛席自裹其身，伸头出饮，饮毕复缩之。籍饮者，

一杯复登树下再饮耳”。

④病叶狂花：指醉酒之人。宋代叶廷珪《海录碎事》卷六“饮食器用部”引唐代皇甫崧《醉乡日月》曰“或有勇于牛饮者，以巨觥沃之，既撼狂花，复凋病叶。饮流谓睚眦者为狂花，目睡者为病叶”。

⑤“努石棱”四句：指醉酒之人瞪大圆眼，胡须四面张开，露着膀子，跃跃欲试。石棱，眼角边眶分明。趺（fū）：足背。

⑥李郎之呕其肝脏：指李贺呕心以作诗。李商隐《李贺小传》曰“是儿要当呕出心乃已尔”。

⑦苏相之裂于牛车：《史记》卷六九《苏秦列传》载，（苏）秦且死，乃谓齐王曰：“臣即死，车裂臣以徇于市，曰‘苏秦为燕作乱于齐’，如此则臣之贼必得矣。”于是如其言，而杀苏秦者果自出，齐王因而诛之。

谭宗浚《酒赋》

谭宗浚（1846—1888），南海（今广州市白云区）人，同治十三年（1874）进士。这篇《酒赋》在结构上明显模仿《史记·滑稽列传》中淳于髡与齐威王的对话，为典型的三段式。《史记》中，淳于髡的表述仅仅在于不同环境下同一饮者的酒量之差别，而谭宗浚重在论述不同环境下饮者心态的变化。谭氏所论大体不离君臣大纲，虽然也有“挈朋侪，偕僮役”的萧散自如式的描写，但排在首位的是“朝正贺朔”，所言重在“礼”字，甚至使人“胁息彷徨”，而“又甚于此者”的“羁旅小臣”，又使全文回到朝廷君臣的范畴，因此在结尾处，作者顺理成章地点出“寓言以谲谏”的主旨，可见其全文乃以“礼”为中心。而《史记》中淳于髡所论的饮酒的最高境界却是对“礼”的一种突破。虽然二者结构相似，但神彩却迥然不同。

昔齐威王坐于柏寝[①]之宫，齐髡、鲁仲连侍。仲连曰：“闻髡语大王以饮酒之乐，有诸？”王曰：“然。”

仲连曰：“若髡者，闾里小人，纵情宠嬖，树颊哆唇[②]，汪洋诡恣，诙啁[③]大言，罔知检制。且夫朝廷之上，不切劘[④]于道义，而铺诩[⑤]乎荒淫。臣恐其以侈靡荡心也。”王曰：“子之饮何如？”

仲连跽而称曰：“臣闻百谷之精酿为酒醴，其馨兰薰，其味蓱旨[⑥]，以降八神，以洽百礼。然其弊也，能使聪者惑，勇者疲，廉者秽，悦者悲。昏情佚志，荡检丧仪，是以圣人慎之。当夫朝正贺朔，吉日辰良，群公卿士，上寿举觞，纠仪在前，监史在傍，臣于此时，胁息彷徨，恐跹蹉[⑦]之为累，念好乐以无康。感《鱼藻》[⑧]之盛醼，饫灵泽[⑨]以汪洋。至于挈朋侪，偕僮役，庚疏林薮，攀访泉石，云晖日开，仰见绝壁，嘉树蔽霄，飞泉喷液，疑涓子[⑩]之倘潜，谓卢敖[⑪]而可觌。臣于此前，体泰意适，游心太空，若驰六翮，累举十觞，曾无余沥。又如良朋久别，促膝言欢，投琼六博，竟夕盘桓。雕俎既彻，瑶琴复弹。歌曰：‘明月朗兮照罗帏，间何阔兮逢故知。兰烬有时灭，思君无时尽。’时臣于此时，抗声高歌，起舞凌乱，乐不可支，举爵无算。”

王曰：“善哉，子之饮也！”仲连曰：“今又甚于此者，有若羁旅小臣，行吟江浦。跼乾蹐坤[12]，块独无侣。夜闻悲泷[13]，晓冒瘴雨。命轻如丝，任饲豺虎。望雷公以凭凭[14]，排閶阖以谁诉。指潜渊以为期，愿彭咸而是伍。当斯时也，一斟百榼，一举万觥，忧谗畏诟，危涕吞声。落落寞寞，屏屏营营[15]。但愿长醉，不愿复醒。”

王闻之，知其寓言以谲谏也，乃诏有司，屏奸壬[16]，罗俊乂，逐谗夫，进贤知。行之期年，五谷丰稔，诸侯来朝，齐境大治。（《希古堂集·乙集》卷一）

【注释】

①柏寝：东周时齐国夯筑的古台丘，在今山东省广饶县境。《史记·孝武本纪》曰“（李）少君见上，上有故铜器，问少君。少君曰：‘此器齐桓公十年陈于柏寝。’已而案其刻，果齐桓公器。一宫尽骇，以少君为神，数百岁人也”。

②树颊哆唇：哆，《广韵》曰“唇垂貌”。

③啁（zhāo）：《楚辞·九辩》诗句“鹍鸡啁哳而悲鸣”。

④切劘（qiē mó）：切蹉以相改正。王安石《与王深父书》曰“自与足下别，日思规箴切劘之补，甚于饥渴”。

⑤诩（xǔ）：大言，夸耀。

⑥萍旨：像青萍一样美味。魏徵《九成宫醴泉铭》曰“萍旨

醴甘，冰凝镜澈”。

⑦跹（xiān）蹉：行走不合法度。跹，行不正貌。

⑧《鱼藻》:《诗经》中《小雅》篇名，诗意赞美周王宴饮时的平和安乐。

⑨灵泽：帝王的恩泽。王逸《九思·悯上》曰“思灵泽兮一膏沐，怀兰英兮把琼若”。原注“灵泽，天之膏润也。盖喻德政也”。

⑩涓子：传说中的古仙人，能致风雨。嵇康《琴赋》云“涓子宅其阳，玉醴涌其前。”

⑪卢敖：秦始皇时燕齐一代的方士，官至博士，后见秦无道，隐居故山。《淮南子》卷一二有载，李白《庐山谣寄卢侍御虚舟》“愿接卢敖游太清”，即其人。

⑫跼（jú）乾蹐（jí）坤：即跼蹐于乾坤。跼蹐，局促不安，谨慎畏惧。

⑬泷（lóng）：湍急的流水，多用作地名。

⑭凭凭：拟声词。李白《远别离》诗句“雷凭凭兮欲吼怒”。

⑮屏屏营营：即“屏营”的重叠，惶恐貌。

⑯奸壬：奸邪之人。壬，奸佞。《尚书·皋陶谟》曰“何畏乎巧言令色孔壬?”

附录：《四库全书总目》“谱录类”涉酒专著之提要

《北山酒经》· 三卷（安徽巡抚采进本）

宋朱翼中撰。陈振孙《书录解题》称“大隐翁”，而不详其姓氏。考宋李保有《续北山酒经》，与此书并载陶宗仪《说郛》。保自叙云：“大隐先生朱翼中，著书酿酒，侨居湖上。朝廷大兴医学，起为博士。坐书东坡诗，贬达州。”则“大隐”固翼中之自号也。是编首卷为总论，二、三卷载制曲造酒之法颇详。《宋史·艺文志》作一卷，盖传刻之误。《说郛》所采仅总论一篇，余皆有目无书，则此固为完本矣。明焦竑原序称，于田氏《留青日札》中考得作者姓名，似未见李保序者。而程百二又取保序冠于此书之前，标曰《题北山酒经后》，亦为乖误。卷末有袁宏道《觞政》十六则，王绩《醉乡记》一篇，盖胡之衍所附入。然古来著述，言酒事者多矣。附录一明人，一唐人，何所取义？今并刊除焉。（《四库全书总目》卷一一五）

《酒谱》· 一卷（浙江鲍士恭家藏本）

宋窦苹撰。苹字子野，汶上人。晁公武《读书志》载苹有

《新唐书音训》四卷，在吴缜、孙甫之前，当为仁宗时人。公武称其学问精博，盖亦好古之士。别本有刻作窦革者，然详其名字，乃有取于《鹿鸣》之诗，作苹字者是也。其书杂叙酒之故事，寥寥数条，似有脱佚，然《宋志》著录，实作一卷。观其始于酒名，终于酒令，首尾已具，知原本仅止于此。大抵摘取新颖字句，以供采掇，与谱录之体亦稍有不同。其引杜甫《少年行》"醉倒终同卧竹根"句，谓以竹根为饮器。考庾信诗有"山杯捧竹根"句，苹所说不为杜撰，然核甫诗意，究以醉卧于竹下为是。苹之所说，姑存以备异闻可也。（《四库全书总目》卷一一五）

《酒谱》· 一卷（内府藏本）

旧本题临安徐炬撰，不著时代。所载"赐酺"条中有洪武南市十四楼及顾佐奏禁挟妓事，是明人也。其序自云采唐汝阳王琎等十三家书而成。然引据每多讹舛，如以梁刘孝标"松子玉浆，卫卿云液"二句为送酒与苏轼之启，以魏武帝"何以解忧，惟有杜康"二句为出焦赣《易林》，以月泉吟社"村歌聒耳乌盐角，村酒柔情玉练槌"二句，与李白"遥看汉水鸭头绿，正似葡萄初泼醅"二句皆为杜甫诗，以《水经注》刘白堕之事为出《五斗先生传》，以《前定录》"松醪春"之名为东坡诗。如斯之类，几于条条有之，亦可谓不学无术矣。（《四库全书总目》卷一一六）

《酒史》· 六卷（内府藏本）

明冯时化撰。前有隆庆庚申赵惟卿序，称时化字应龙，别号与川，晚自号无怀山人，而不著其里籍。其书分酒系、酒品、酒献、酒述、酒余、酒考，皆酒之诗文与故实，然舛陋殊甚。其酒考中一条云，羽觞见王右军，其《兰亭序》云，羽觞随波，则其他可知矣。卷末载吴淑《事类赋》中《酒赋》一篇，以补其遗，题曰燕山居士，亦不知其为何许人也。又浙江鲍士恭家别本，其文并同，而改题曰徐渭撰。案书中所载有袁宏道《觞政·酒评》，渭集虽宏道所编，然宏道实不及见渭，渭何由收宏道作乎？其为坊贾伪题明矣。（《四库全书总目》卷一一六）

《觞政》· 一卷（内府藏本）

明袁宏道撰。宏道字无学，公安人，万历壬辰进士，官至吏部稽勋司郎中，事迹具《明史·文苑传》。是书纪觞政凡十六则。前有宏道引语，谓采古科之简正者，附以新条，为醉乡甲令。朱国桢《涌幢小品》曰，袁中郎不善饮而好谈饮，著有《觞政》一篇，即此书也。（《四库全书总目》卷一一六）

《酒概》· 四卷（浙江巡抚采进本）

明沈沈撰。自题曰震旦醯民困困父。前有自序一首，则称曰："褐之父困困沈沈，名号诡谲，不知何许人。"每卷所署校正姓氏，皆称海陵，则刻于泰州者也。其书仿陆羽《茶经》之体，以类酒事。一卷三目，曰酒、名、器。二卷七目，曰释、法、造、出、称、量、饮。三卷六目，曰评、僻、寄、缘、事、异。四卷六目，曰功、德、戒、乱、令、文。杂引诸书，体例丛碎，至以孔子为酒圣，阮籍、陶潜、王绩、邵雍为四配，尤妄诞矣。（《四库全书总目》卷一一六）

《酒部汇考》· 十八卷（江苏巡抚采进本）

不著撰人名氏。卷三末载国朝康熙三十年禁止直隶所属地方以蒸酒糜米谷上谕一条，当为近人所著矣。所录自经史以及稗乘诗词凡涉于酒者征采颇富。分为汇考六卷，总论一卷，纪事五卷，杂录、外编各一卷，艺文四卷。然编次错杂，殊乏体裁。每卷之首，空前二行，而以酒部汇考为子目。意其欲辑类书而未成，此其一门之剩稿也。（《四库全书总目》卷一一六）

主要参考文献

《中国酒》中的正文部分，核对了以中华书局、上海古籍出版社为主的整理本文献，其中的主要参考文献：

1.[汉]郑玄注，[唐]孔颖达疏，《毛诗注疏》，上海古籍出版社，2014年版。

2.[汉]司马迁著，《史记》(修订本)，中华书局，2014年版。

3.[汉]班固著，《汉书》，中华书局，1962年版。

4.[宋]司马光著，《资治通鉴》，中华书局，2011年版。

5.[南朝·宋]刘义庆编，余嘉锡笺疏，《世说新语笺疏》，中华书局，2016年版。

6.[宋]朱肱等，《北山酒经》(外十种)，上海书店出版社，2016年版。

7.[唐]欧阳询编，汪绍楹校，《艺文类聚》，上海古籍出版社，1998年版。

8.[唐]徐坚编，《初学记》，中华书局，2004年版。

9.[唐]李白著，郁贤皓校注，《李太白全集校注》，凤凰出版社，2016年版。

10.[唐]杜甫著，萧涤非等注，《杜甫全集校注》，人民文学出版社，

2014 年版。

11.[唐] 白居易著，朱金城笺注,《白居易集笺校》，上海古籍出版社，1988 年版。

12.[宋] 梅尧臣著，朱东润编年校注,《梅尧臣集编年校注》，上海古籍出版社，2006 年版。

13.[宋] 苏轼著，[清] 冯应榴辑注,《苏轼诗集合注》，上海古籍出版社，2001 年版。

14.[宋] 黄庭坚著，[宋] 任渊等注,《黄庭坚诗集注》，中华书局，2017 年版。

15.[宋] 杨万里著，辛更儒笺校,《杨万里集笺校》，中华书局，2007 年版。

16.[宋] 陆游著，钱仲联校注,《剑南诗稿校注》，上海古籍出版社，2005 年版。

17.[宋] 范成大著,《范石湖集》，上海古籍出版社，2006 年版。

18.[南朝・梁] 萧统编，[唐] 李善注,《文选》，上海古籍出版社，2019 年版。